1 Setze fort.

a) b) c)

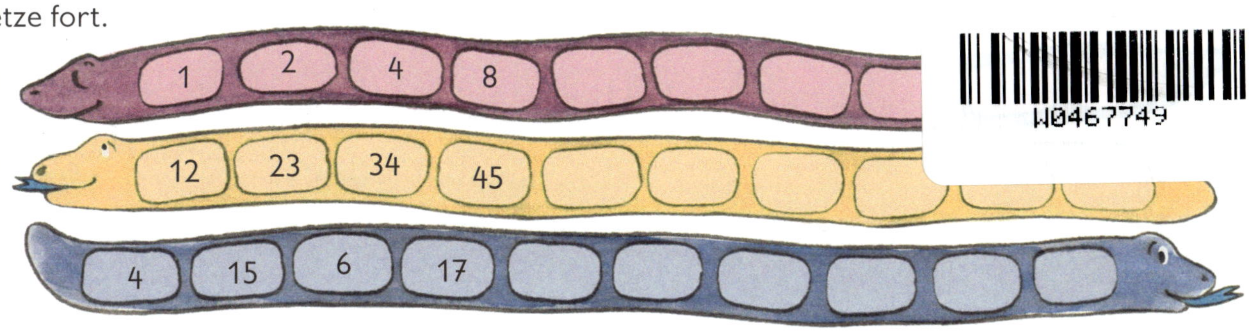

2 a)

Vorgänger	Zahl	Nachfolger
	165	
	387	
	898	
	459	

b)

Vorgänger	Zahl	Nachfolger
823		
		700
998		
		502

3 a)

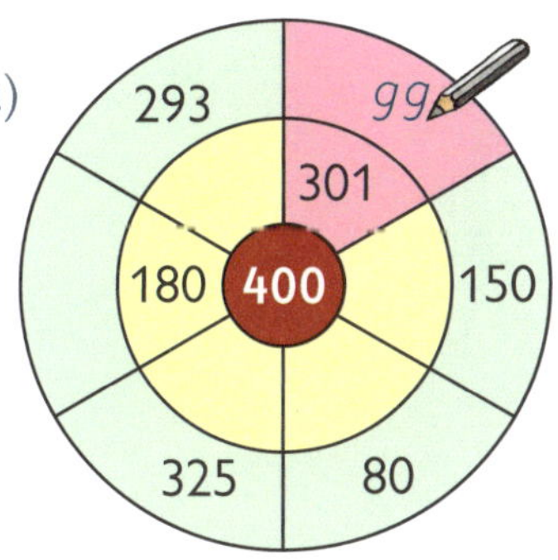

b)

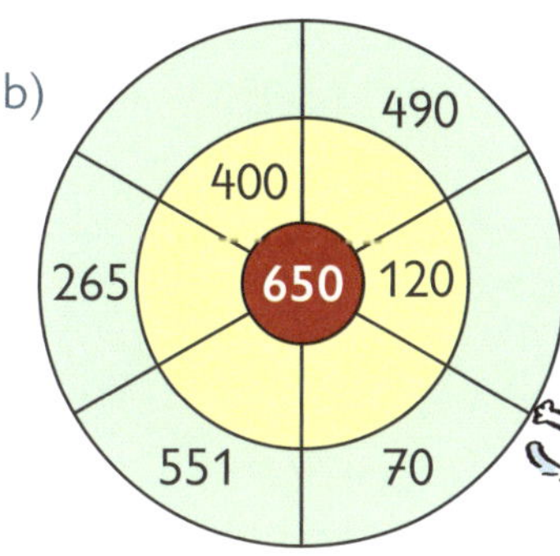

c)

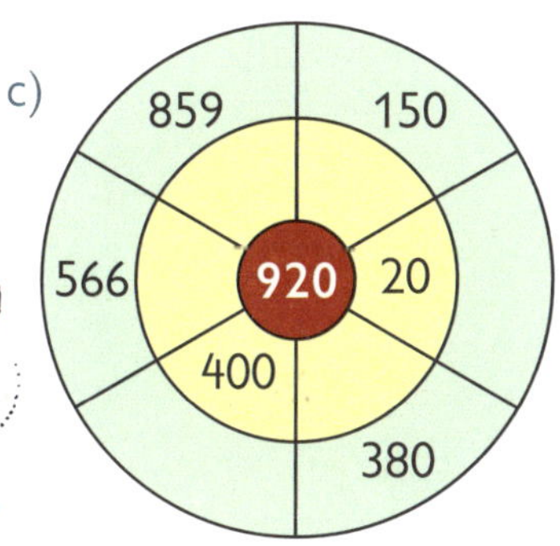

4 a)

+	40		27	39
248				
716		766		
509				

b)

−	30		24	71
476		436		
859				
647				

5 a)

	4	2	7
+	1	5	2

	2	0	5
+	3	9	4

	3	8	3
+	5	2	5

b)

	8	5	6
−	3	6	3
	4	9	3

	9	8	7
−	2	4	5
	7	4	2

	6	5	1
−	1	3	7
	5	1	4

493 514 579 599 742 908

6 Trage die fehlenden Ziffern ein.

a)

	5		7
+		4	
	8	9	1

	6	3	
+	2		8
		3	3

	4		6
+		8	4
	9	9	

b)

	8	3	6
−	3	4	1
	1		
	4	9	5

	9	0	2
−	1	5	7
	1	1	
	7	4	5

	8	8	2
−	5	9	8
	1	1	
	2	8	4

Multiplizieren und Dividieren

1

a)
6 · 4 =
60 · 4 =
6 · 40 =

b)
7 · 8 =
70 · 8 =
7 · 80 =

c)
63 : 9 =
630 : 9 =
630 : 90 =

2

Buntstifte	8		32	64	88			160	176
Packungen	1	2				14	17		

3

a)
50 · 4 = ___
28 · ___ = 280
___ · 4 = 100
90 · ___ = 270

b)
___ · 7 = 700
21 · ___ = 840
560 : 80 = ___
620 : ___ = 62

c)
400 : ___ = 80
360 : 90 = ___
280 : ___ = 7
350 : 7 = ___

4

a) ·12

4	
6	
2	
5	

b) ·60

6	
	540
	480
11	

c) : 40

200	
800	
120	
480	

d) : 9

630	
	40
270	
	90

5

a) 35 · 4   84 · 9   12 · 6

b) 38 · 5   64 · 7   23 · 5

6 Überschlage zuerst. Dann dividiere.

Ü: 600 : 3 =
570 : 3 =

Ü:
760 : 4 =

Ü:
234 : 9 =

7

a) Finde Multiplikationsaufgaben.

·: ~~8~~ 4 5 7 3 48
96 28 56 48 6 ~~14~~
=: 288 ~~112~~ 196 384 168 240

8 · 14 = 112

b) Finde Divisionsaufgaben.

:: 160 84 125 76 186 168
4 8 7 6 5 3
=: 62 20 14 25 24 19

1 Dividiere und überprüfe.

22 : 4 = 5 R 2, denn 5 · 4 = 20 und 20 + 2 = 22

29 : 5 = ☐ R ☐, denn ____

37 : 6 = ☐ R ☐, denn ____

82 : 3 = ☐☐ R ☐, denn ____

90 : 7 = ☐☐ R ☐, denn ____

2

a)
38 : 3 = ☐☐ R ☐
52 : 5 = ☐☐ R ☐
79 : 3 = ☐☐ R ☐
63 : 4 = ☐☐ R ☐

b)
34 : ☐ = 6 R 4
48 : ☐ = 9 R 3
65 : ☐ = 7 R 2
49 : ☐ = 5 R 4

c)
92 : ☐ = 11 R 4
85 : ☐ = 12 R 1
110 : ☐ = 18 R 2
139 : ☐ = 23 R 1

3

155 : 4 = 38 R 3

227 : 3 75 R 2

603 : 7 86 R 1
560 :

385 : 6 64 R 1

541 : 7 = 77 R 2

306 : 4 76 R 2

447 : 5 = 89 R 2

607 : 8 75 R 7

799 : 9 88 R 7

4 Die 3. und 4. Klassen der Grundschule „Am Sonnenhang" haben für 586 € Altpapier gesammelt. Dieses Geld wird zu gleichen Teilen auf sechs Klassen aufgeteilt.

Frage: ____

Aufgabe:

Antwort: ____

1: Dividieren mit Rest, Ergebnis begründen 2: Quotient bzw. Divisor berechnen 3: Halbschriftliches Dividieren mit Rest
4: Inhalt erfassen, Frage formulieren, Aufgabe bilden und lösen, im Satz antworten

1 a)
23 + 2 · 40 = 103
23 + 80 = 103

45 + 5 · 50 =

30 + 9 · 80 =

72 + 4 · 70 =

b)
640 : 80 + 30 =

270 : 30 + 41 =

810 : 90 + 91 =

480 : 60 + 92 =

Lösungen zu **1** **2**:

38	352
50	359
100	500
100	657
103	680
222	750
263	822
295	937

2 a)
230 + 50 · 9 =

642 + 60 · 3 =

222 + 20 · 0 =

440 + 30 · 2 =

b)
270 − 420 : 60 =

945 − 720 : 90 =

359 − __0 : 70 =

666 − 360 : 40 =

3 Rechne geschickt.

a) 3 · 60 + 2 · 60 = ◯ =
2 · 30 + 6 · 30 = ◯ =
8 · 50 − 3 · 50 = ◯ =
7 · 40 − 6 · 40 = ◯ =

Tipp!
3 · 20 + 5 · 20 = 8 · 20
9 · 60 − 7 · 60 = 2 · 60

b) 30 · 4 + 30 · 2 = ◯ =
90 · 5 + 90 · 4 = ◯ =
20 · 6 + 20 · 1 = ◯ =

c) 70 · 7 − 70 · 3 = ◯ =
40 · 8 − 40 · 1 = ◯ =
60 · 6 − 60 · 5 = ◯ =

4 6 $\xrightarrow{\cdot 30}$ ☐ $\xrightarrow{+ 320}$ ☐ $\xrightarrow{: 50}$ ☐ $\xrightarrow{+ 690}$ ☐ $\xrightarrow{: 7}$ ☐ $\xrightarrow{- 40}$ ☐ $\xrightarrow{+ 240}$ ☐ $\xrightarrow{: 60}$ ☐ $\xrightarrow{\cdot 40}$ ☐ $\xrightarrow{+ 800}$ ☐ $\xrightarrow{: 500}$ ☐

5 Setze das richtige Zeichen: < = >.

a) 6 · 30 + 320 ◯ 9 · 70 − 7 · 70
3 · 60 + 220 ◯ 9 · 40 + 1 · 40

b) 8 · 50 − 3 · 20 ◯ 4 · 40 + 3 · 40
7 · 80 + 3 · 80 ◯ 5 · 80 + 4 · 80

1 und 2: Rechenregeln anwenden 3: Rechenvorteil nutzen
4: Rechenkette lösen 5: Rechenregel anwenden, vergleichen, Relationszeichen setzen

LB 9 TÜ 7–8

1

a) (3 + 6) · 7 = 63
   9 · 7 = 63
(4 + 4) · 6 =
9 · (2 + 8) =

b) (5 + 2) · 90 =
(2 + 4) · 60 =
50 · (9 + 1) =

Lösungen zu ① ② ③:

5	10
6	10
7	10
7	48
8	63
8	90
9	360
9	500
9	630

2

a) (27 + 13) : 4 =
(15 + 45) : 6 =
90 : (5 + 4) =

b) (90 − 9) : 9 =
(47 − 22) : 5 =
64 : (23 − 15) =

3

a) (610 + 20) : 90 =
(730 + 80) : 90 =
720 : (50 + 40) =

b) (630 − 90) : 60 =
(420 − 60) : 60 =
350 : (90 − 40) =

4 Setze das richtige Zeichen: < = >.

a) (86 + 4) · 9 ◯ 86 + 4 · 9
(26 − 11) · 2 ◯ 26 − 11 · 2
(82 + 18) · 7 ◯ 82 + 18 · 7

b) (390 − 70) : 8 ◯ 50
(510 − 60) : 5 ◯ 100
(540 − 50) : 7 ◯ 70

5 Hier sind die Klammern verloren gegangen. Setze sie so ein, dass das Ergebnis stimmt.
Überprüfe durch Nachrechnen.

a) 24 + 24 : 4 + 8 = 20

b) 48 + 48 : 6 + 6 = 22

c) 36 + 36 : 9 − 8 = 32

d) 36 + 36 : 9 − 8 = 0

6 Für jede der sechs 4. Klassen wurden 14 Märchenbücher, 7 Rätselbücher und 19 Abenteuerbücher geliefert.

Frage: ____________________

Aufgabe:

Antwort: ____________________

1 bis 3: Anwenden der „Klammerregel" 4: Vergleichen und Relationszeichen setzen
5: Klammern setzen, Kontrolle durch Nachrechnen 6: Inhalt erfassen, Frage finden, Aufgabe bilden und lösen, im Satz antworten
LB ▶ 10 TÜ ▶ 9

Addieren – Subtrahieren – Multiplizieren – Dividieren

1 a)

	3	2	3
+	1	5	7

	4	9	6
+	3	4	8

	6	9	2
+	3	0	9

b)

	4	0	9
+	5	4	9

	1	6	9
+	7	4	9

	7	3	5
+	2	6	5

2 a)

	7	6	2
−	4	3	8

	9	4	1
−	2	7	6

	8	6	0
−	4	7	1

b)

	6	0	5
−	3	0	9

	5	5	5
−	2	6	6

	4	0	7
−	3	0	8

3 Ben hat ein Abenteuerbuch geschenkt bekommen. Das Buch hat 563 Seiten. Davon hat er bereits 378 Seiten gelesen.

Frage: ____________________

Aufgabe:

Antwort: ____________________

4 Überschlage erst und rechne dann.

Ü: 5 0 · 6 =
5 4 · 6

Ü:
7 9 · 5

Ü:
6 6 · 8

Ü:
1 9 7 · 4

Ü:
5 4 · 7

Ü:
2 0 7 · 3

5 5 6 : 4   9 1 : 7   7 8 : 3   8 5 : 5

6 Max sammelt 2-Cent-Münzen. Er hat insgesamt 89 dieser Münzen.
Sein Freund Tom sammelt 5-Cent-Münzen. Er besitzt schon 37 Münzen.
Wer von ihnen hat mehr Geld?

Aufgaben:

Antwort: ____________________

1 und 2: Schriftliches Addieren und Subtrahieren 3: Inhalt erfassen, Frage formulieren, Aufgabe finden und lösen, im Satz antworten
4: Schriftliches Multiplizieren mit Überschlag 5: Halbschriftliches Dividieren 6: Inhalt erfassen, Aufgabe bilden und lösen, im Satz antworten
LB 11 TÜ 10

(1) Auf einem Bahnhof in Leipzig fahren zwei Züge ein. In dem Zug aus Weimar sind 394 Personen, davon fahren 317 weiter. Der zweite Zug kommt aus Rostock mit 258 Personen, davon fahren 163 weiter.

Frage: ______________________________

____

Aufgaben:

Antwort: ______________________________

[2] Von einer Grundschule in Neubrandenburg fahren 96 Kinder und 4 Lehrer in ein Schullandheim nach Bad Schandau. Für Kinder kostet eine Fahrkarte 20 €, für Erwachsene 57 €.

Frage: ______________________________

____

Aufgaben:

Antwort: ______________________________

△3 Zwei Waggons eines Güterzuges werden entladen. Der eine Waggon hatte 487 kg Düngemittel in Säcken, 275 kg Saatgut in Papiertüten und 1 892 kg Blumenzwiebeln in Kisten geladen. Im anderen Waggon waren 324 kg Obst und 667 kg Gemüse.

Frage: ______________________________

____

Aufgaben:

Antwort: ______________________________

1 bis 3: Inhalt erfassen, Fragen finden, Aufgaben bilden und lösen, im Satz antworten

Die Zahlen bis 10 000

1

☐☐☐☐

☐☐☐☐

☐☐☐☐

☐☐☐☐

2

a)
3T 7H 9Z 3E ☐☐☐☐
4T 0H 2Z 7E ☐☐☐☐
3T 8H 0Z 2E ☐☐☐☐
5T 0H 0Z 8E ☐☐☐☐

b)
4T 3Z 6E ☐☐☐☐
9T 4H 5Z ☐☐☐☐
8E 2H 7T ☐☐☐☐
5T 6E 9Z ☐☐☐☐

c)
6E 5Z 7T ☐☐☐☐
5Z 3T ☐☐☐☐
4H 9T ☐☐☐☐
3E 6T ☐☐☐☐

3

a) Schreibe als Zahl.

sechstausendsiebenhundert-achtzehn ☐☐☐☐
zweitausendsiebenhundertdrei ☐☐☐☐
viertausendneunundsechzig ☐☐☐☐
achttausendvier ☐☐☐☐

b) Schreibe als Zahlwort.

5 123 ____________________
____
____

9 008 ____________________
____

4 Zerlege die Zahlen.

a)
2569 = 2000 + 500 + ___ + ___
3270 =
6581 =
5899 =

b)
5010 =
3004 =
6308 =
2030 =

5

a) Nachbartausender (NT)

NT	Zahl	NT
	3 456	
	4 803	
	1 132	
	2050	

b) Nachbarhunderter (NH)

NH	Zahl	NH
	2 415	
	5 294	
	6 108	
	5 030	

c) Nachbarzehner (NZ)

NZ	Zahl	NZ
	9 731	
	3 047	
	1 803	
	1 003	

6 Ergänze die fehlenden Zahlen.

a) ____, ____, ____, 5000, 5001, ____, ____
b) ____, ____, ____, 7000, 7010, ____, ____
c) ____, ____, ____, 3000, 3100, ____, ____
d) ____, ____, ____, 4100, 5100, ____, ____

1 und 2: Zahlen bis 10 000 aufschreiben 3: Zahlwörter lesen bzw. schreiben 4: Zahlen zerlegen
5: Nachbartausender, -hunderter, -zehner bestimmen 6: Zahlenfolgen ergänzen
LB ▶ 14–16 TÜ ▶ 12–13

1 Wo gehören die Zahlen hin? Verbinde. Trage dann die fehlenden Zahlen ein.

a) 1 100 | 2 500 | 4 200 | 5 600 | 8 400 | 9 900

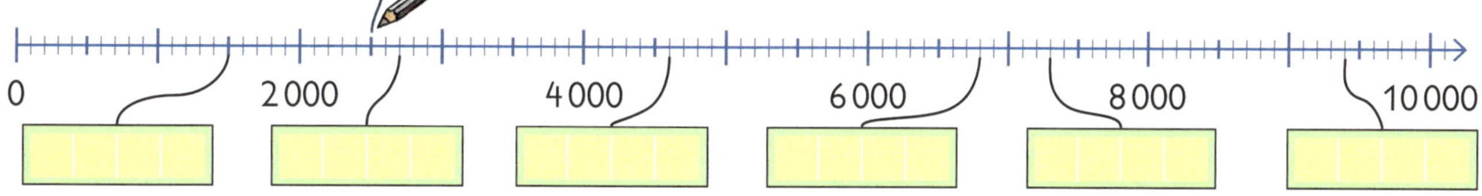

b) 1 120 | 1 250 | 1 340 | 1 510 | 1 790 | 1 980

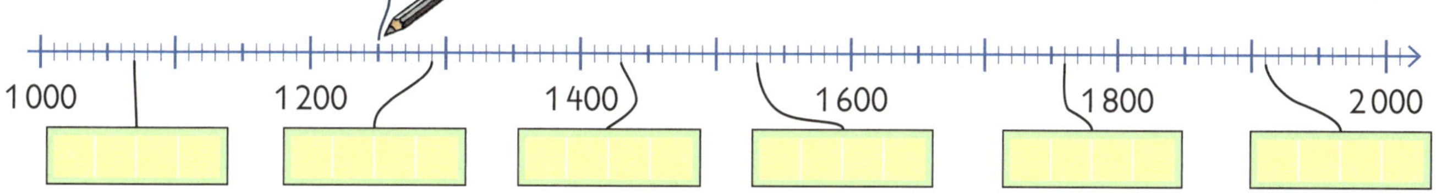

2 Ergänze bis zum nächsten Hunderter.

2 560 + ___ = 2 600
6 380 + ___ = ___
5 625 + ___ = ___
6 975 + ___ = ___

3 Ergänze bis zum nächsten Tausender.

6 200 + ___ = 7 000
8 300 + ___ = ___
3 640 + ___ = ___
220 + ___ = ___

4 Setze das richtige Zeichen: < oder >.

a)		b)		c)		d)	
2 160	3 460	6 182	6 183	3 298	3 289	3 560	3 460
9 652	9 140	5 010	5 100	1 810	1 820	9 301	9 130
4 627	4 672	9 876	9 786	4 306	4 360	4 004	4 070
8 321	8 231	3 874	3 784	5 832	583	2 881	2 188

5 a) Ordne. Beginne mit der kleinsten Zahl.

2 583 2 835 3 852 3 582 2 358

5 860 5 680 5 806 5 068 5 608

b) Ordne. Beginne mit der größten Zahl.

4 028 4 208 4 820 4 280 428

3 072 3 207 3 027 3 720 3 270

6 Ordne die Preise. Beginne mit dem niedrigsten Preis.

5 290 € | 6 273 € | 5 902 € | 6 723 € | 5 480 € | 6 327 € | 546 € | 6 732 € | 5 920 €

Römische Zahlzeichen

1 Schreibe mit römischen Zahlzeichen.

a)		b)		c)	
65	______	84	______	94	______
112	______	93	______	444	______
225	______	159	______	990	______
530	______	402	______	904	______
1706	______	2190	______	1409	______
3151	______	3900	______	3941	______

2 Schreibe mit unseren Zahlen.

a)		b)		c)	
XXXII		MD		MMCCCIV	
CCLX		MCD		CMXL	
MDCC		MXL		MCCXLV	
MMCL		XCI		MMCCXC	
MCXI		LIX		MCXXIX	
MLIII		LIV		MMCLIV	

3 Ergänze die Tabellen.

a)

63		115		752		2010
	LXXII		DXXII		MCCV	

b)

84		243		209		2900
	XCV		CCCXXIV		MCCIX	

c)

2904		1441		1409		1942
	MXCIX		XCIX		CMXXIX	

4 a) Ordne. Beginne mit der kleinsten Zahl.

MCC MCL MIII MXXX MCX

____

b) Ordne. Beginne mit der größten Zahl.

CCCXXX CCCL MCIX CXXIX MD

____

5 Rechne mit römischen Zahlzeichen.

XX + LI = ______________

CCV + LX = ______________

MCCX + MD = ______________

MDLX − CL = ______________

6 Gib in römischen Zahlzeichen an.

Vorgänger	Zahl	Nachfolger
	CCLI	
	CCCV	
	MCCIV	
	MML	

1 bis 3: Römische Zahlen in arabische Zahlen umwandeln und umgekehrt 4: Römische Zahlen ordnen
5: Mit römischen Zahlen rechnen 6: Vorgänger und Nachfolger in römischen Zahlzeichen angeben

LB 18–19 TÜ 15–16

1 a) 3 400 + 1 700 = ____
4 500 + 2 900 = ____
5 200 + 3 800 = ____

b) 5 400 − 2 700 = ____
9 100 − 3 500 = ____
7 300 − 2 900 = ____

2 a) 2 600 + 700 = ____
4 500 + 800 = ____
7 200 + 900 = ____

b) 5 300 − 600 = ____
7 400 − 800 = ____
8 200 − 500 = ____

3

	10 000		
	3 700		
		1 200	
	600		

	6 000		
	80		
4			
1			

4

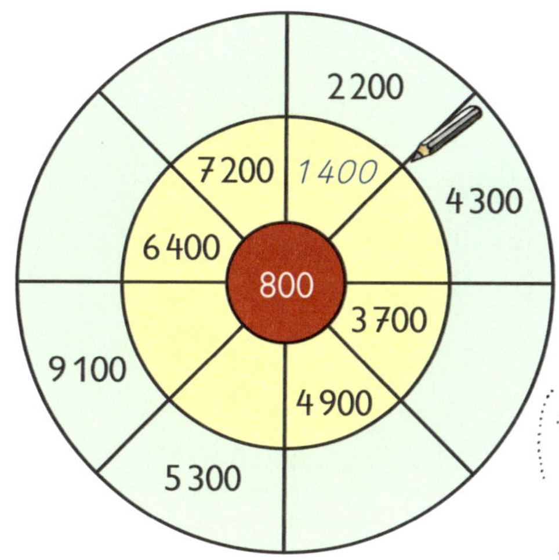

5 a) 10 000 − 1 = ____
8 000 − 8 = ____
7 000 − 7 = ____

b) 6 000 − 60 = ____
7 000 − 70 = ____
9 000 − 90 = ____

c) 5 000 − 300 = ____
4 000 − 700 = ____
3 000 − 200 = ____

6 Wie schwer sind die Einkaufstaschen?

a)

____ g

b)

____ g

7 a) 660 + ____ = 1 000
3 660 + ____ = 4 000
7 660 + ____ = 8 000

b) 758 + ____ = 1 000
2 758 + ____ = 3 000
4 758 + ____ = 5 000

8 Ergänze zum nächsten Tausender.

a) 770 + ____ = 1 000
3 450 + ____ = ____
7 560 + ____ = ____
1 320 + ____ = ____

b) 388 + ____ = 1 000
2 658 + ____ = ____
4 328 + ____ = ____
7 698 + ____ = ____

1 bis 4: Addieren und Subtrahieren mit Vielfachen von 100 5: Subtrahieren
6: Gesamtmasse berechnen 7 und 8: Ergänzen zum nächsten Tausender
LB ▶ 20–21 TÜ ▶ 17

1 a)

3 · 80 =
5 · 300 =
20 · 70 =
50 · 60 =
4 · 90 =
7 · 800 =

b)

6300 : 7 =
4500 : 90 =
2700 : 300 =
8100 : 900 =
5600 : 7 =
5600 : 80 =

2 a) ____ : 60 = 30
____ : 500 = 5

b) ____ : 40 = 90
____ : 900 = 4

c) 2100 : ____ = 70
1000 : ____ = 10

3 Finde die Aufgabe und löse sie.

Berechne das Produkt aus 32 und 100.

Der Dividend ist 6400 und der Divisor ist 800.

Die Faktoren heißen 40 und 90.

4

·	80	30	9	5
70				
40				
		2700		
			540	

5

:	40	60		6
2400				
4800				
	30			
3600			1800	

6 a) 20 · 30 + 40 · 30 =
70 · 50 + 30 · 30 =
4 · 800 − 20 · 40 =

b) 4900 : 70 − 2 · 30 =
6400 : 800 + 4 · 50 =
5400 : 60 − 3 · 30 =

7 Finde passende Aufgaben.

2800	3600	420	5400
40 · 70	4 · 900	6 ·	90 ·
7 ·	·	·	·
·	·	·	·
·	·	·	·
·	·	·	·

8 Die Kinder der Kindereinrichtung „Sonnenschein“ bauen mit 3200 Legosteinen eine Burg.
In jeder Packung befinden sich 400 Legosteine.

Frage: ____________________

Aufgabe: ____________________

Antwort: ____________________

1 bis 7: Multiplizieren und Dividieren mit Zehner- und Hunderterzahlen
8: Frage formulieren, Aufgabe finden und lösen, im Satz antworten

LB 22–23 TÜ 18–19

1 Miss die Strecken. Gib die Längen in drei Schreibweisen an.

a)

$\overline{AB}$ = ___ mm
$\overline{AB}$ = ___ cm ___ mm
$\overline{AB}$ = ___ , ___ cm

$\overline{CD}$ = ___ mm
$\overline{CD}$ = ___ cm ___ mm
$\overline{CD}$ = ___ , ___ cm

$\overline{LM}$ = ___ mm
$\overline{LM}$ = ___ cm ___ mm
$\overline{LM}$ = ___ , ___ cm

b)

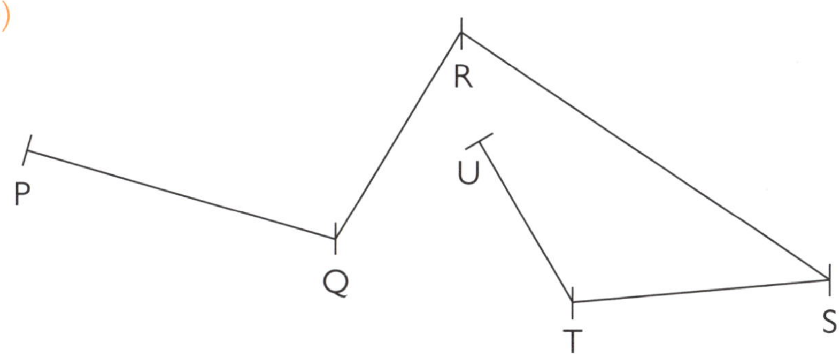

Wie lang ist die Gesamtstrecke?

$\overline{PU}$ = ___ mm
$\overline{PU}$ = ___ cm ___ mm
$\overline{PU}$ = ___ , ___ cm

2 Wandle um.

7 m 45 cm	6 m 38 cm			0 m 70 cm	
745 cm		860 cm			8 cm
7,45 m			8,05 m		

6 km 500 m	8 km 250 m			2 km 30 m	
6 500 m		7 080 m			7 m
6,5 km			3,8 km		

3 Ordne die Größenangaben richtig zu.

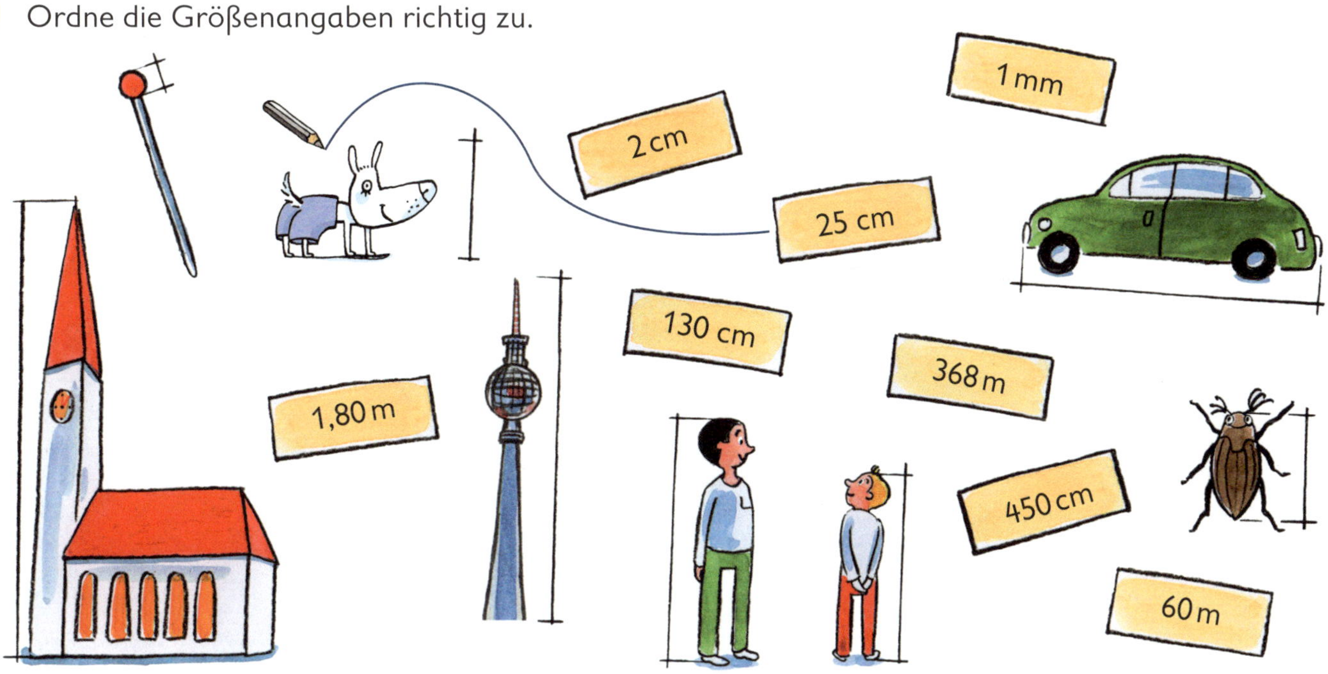

Die Zahlen bis 100 000

(1)

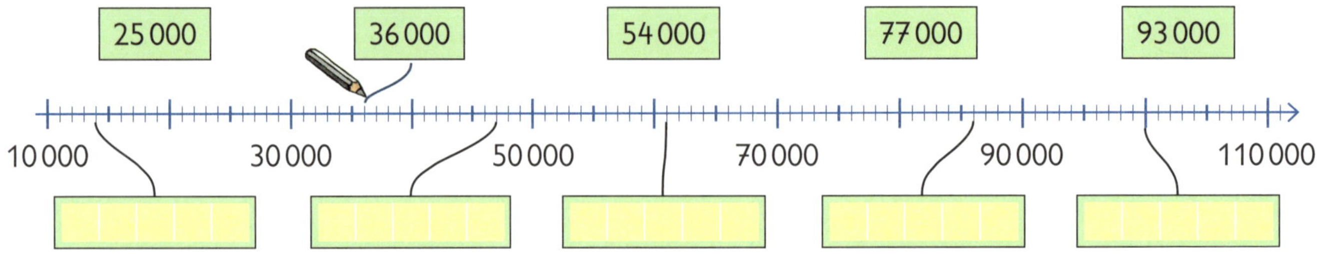

(2)

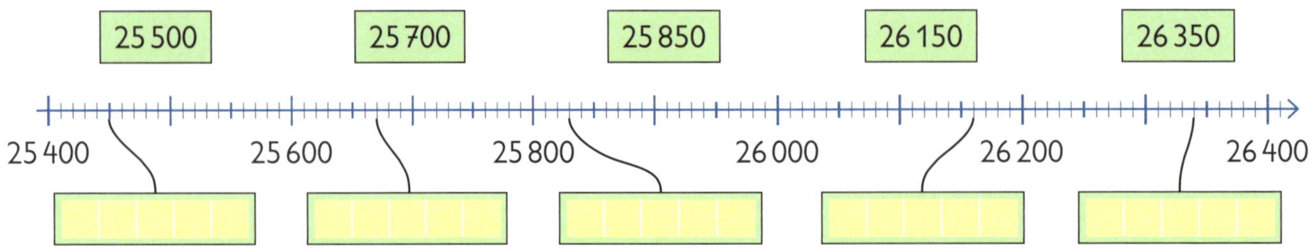

(3) Schreibe als Zahl.

a) 3 ZT 6 T 8 H 0 Z 9 E
b) 4 ZT 1 T 7 H 3 Z
c) 8 ZT 6 T 4 E
d) 9 ZT 5 Z 8 E
e) 7 ZT 3 E
f) 5 ZT 6 H

(4)

Vorgänger	Zahl	Nachfolger
	35 709	
	80 000	
	29 549	
99 998		
		60 001
		43 500

(5) a) Schreibe als Zahl.

vierundzwanzigtausenddreihundertachtzig
siebzehntausendfünfunddreißig
achtzigtausendsechshundert

b) Schreibe als Zahlwort.

12 308 ______________________

60 052 ______________________

23 401 ______________________

(6) Zerlege die Zahlen.

8 2 7 4 5 = 8 0 0 0 0 + 2 0 0 0 + 7 0 0 + 4 0 + 5
3 0 2 0 1 =
1 8 6 0 4 =

(7) Setze das richtige Zeichen: < > .

35 624 ◯ 35 125
49 004 ◯ 49 400
90 587 ◯ 90 058

(8) Ordne die Zahlen. Beginne mit der größten Zahl.

25 471 52 841 25 174 52 084 39 874 999 26 471 56 500 38 249 8903

1 und 2: Zahlen dem Zahlenstrahl zuordnen 3: Zahlen schreiben 4: Vorgänger und Nachfolger bestimmen
5: Zahlwörter lesen bzw. schreiben 6: Zahlen zerlegen 7: Zahlen vergleichen 8: Zahlen nach Vorschrift ordnen
LB ▶ 26–27 TÜ ▶ 21–22

① 250 000 | 340 000 | 530 000 | 640 000 | 780 000

Zahlenstrahl: 100 000 | 300 000 | 500 000 | 700 000 | 900 000 | 1 100 000

② 325 000 | 342 000 | 363 000 | 381 000 | 419 000

Zahlenstrahl: 320 000 | 340 000 | 360 000 | 380 000 | 400 000 | 420 000

③ Schreibe als Zahl.

9 HT 9 ZT 9 T 9 H 9 E
1 HT 3 ZT 0 T 4 H 6 E
8 HT 6 ZT 5 H 1 Z
6 HT 1 ZT 6 T 2 E
2 HT 6 ZT 9 Z 2 E
5 HT 3 ZT 7 E
7 HT 1 ZT 4 H

④

Vorgänger	Zahl	Nachfolger
	999 999	
	703 209	
	600 000	
738 998		
419 953		
		510 000
		100 000

⑤ a) Schreibe als Zahl.

zweihundertzehntausenddreihundertsechs
vierhundertachttausendsechsundzwanzig
sechshundertfünfzehntausendachtzig
siebenhundertzweitausendneun

b) Schreibe als Zahlwort.

340 102 ______

700 603 ______

603 007 ______

⑥ Zerlege die Zahlen.

321 536 = 300 000 + ___ + ___ + ___ + ___ + ___
640 507 =
901 003 =
400 290 =
804 010 =

Die Zahlen bis 1 000 000 – Vergleichen und Ordnen

1 a) Nachbarzehntausender (NZT)

NZT	Zahl	NZT
	236 587	
	489 563	
	168 924	
	995 632	

b) Nachbarhunderttausender (NHT)

NHT	Zahl	NHT
	789 234	
	632 981	
	112 887	
	963 240	

2 Ergänze die Zahlenfolge.

____ , ____ , 57 008 , 57 009 , ____ , ____

____ , ____ , 74 398 , 74 399 , ____ , ____

____ , ____ , 63 100 , 63 200 , ____ , ____

____ , ____ , 98 800 , 98 900 , ____ , ____

____ , ____ , 78 000 , 79 000 , ____ , ____

____ , ____ , 97 800 , 98 800 , ____ , ____

3 a) Welche Zahl hat Max dargestellt?

HT	ZT	T	H	Z	E
●●	●●●●●●	●●●●●	●●	●●●●	●

b) Lisa legt ein Plättchen dazu.
Welche Zahlen könnten es dann sein?

c) Bei Maria entstehen durch Verschieben zweier Plättchen aus der Tausenderspalte kleinere Zahlen.
Finde mindestens drei Möglichkeiten.

4 Setze das richtige Zeichen: < oder >.

a) 45 759 ◯ 64 859
52 801 ◯ 51 993
3 587 ◯ 35 870

b) 358 120 ◯ 365 800
325 021 ◯ 325 102
634 787 ◯ 634 087

c) 501 027 ◯ 23 258
748 014 ◯ 748 104
390 741 ◯ 309 417

5 Ordne die Zahlen. Beginne mit der kleinsten Zahl.

a) 43 876 34 768 47 876 45 678 34 678 45 786

b) 528 132 58 123 542 368 5 999 582 447 624 339 69 339 8 899

① Ordne den Einwohnerzahlen einen passenden Näherungswert zu.

Näherungswerte		Einwohnerzahlen		Näherungswerte
100 000		Plauen 66 412		46 000
240 000		Gotha 45 736		39 000
66 000		Chemnitz 243 089		21 000
230 000		Halle 232 323		15 500
		Pirna 39 030		
		Gera 99 987		
		Meiningen 20 731		
		Oschatz 15 465		

② a) Runde auf Vielfache von 10.

3 486 ≈
8 673 ≈
4 529 ≈

22 518 ≈
58 681 ≈
73 529 ≈

452 892 ≈
658 726 ≈
456 975 ≈

b) Runde auf Vielfache von 100.

6 536 ≈
9 753 ≈
2 498 ≈

93 467 ≈
85 952 ≈
54 536 ≈

453 963 ≈
235 908 ≈
684 239 ≈

c) Runde auf Vielfache von 1 000.

2 498 ≈
8 989 ≈
5 568 ≈

56 852 ≈
98 563 ≈
59 123 ≈

453 698 ≈
799 506 ≈
836 198 ≈

△3 Wie könnten die Zahlen heißen, die Anna, Max, Tom und Ben auf Vielfache von 100 gerundet haben? Finde mindestens 3 Beispiele.

Meine Zahl heißt 13 500. Ich habe abgerundet.

Meine Zahl heißt 143 200. Ich habe abgerundet.

Meine Zahl heißt 300. Ich habe aufgerundet.

Meine Zahl heißt 18 900. Ich habe aufgerundet.

Addieren und Subtrahieren

1 a)
234 254 + 4 =
234 254 + 40 =
234 254 + 400 =
234 254 + 4 000 =
234 254 + 40 000 =
234 254 + 400 000 =

b)
698 765 − 5 =
698 765 − 50 =
698 765 − 500 =
698 765 − 5 000 =
698 765 − 50 000 =
698 765 − 500 000 =

2

	+ 5	+ 40	+ 300	+ 2 000	+ 60 000
432 103					
120 436					
201 347					

3

	− 6	− 50	− 400	− 6 000	− 70 000
387 978					
298 599					
176 457					

4 a)
532 081 + 400 =
781 108 + 50 =
462 735 + 6 000 =
739 241 + 8 =

b)
388 417 − 5 000 =
250 480 − 60 =
390 119 − 800 =
477 868 − 6 =

5

	106 000		
58 000	48 000		
33 000	25 000	23 000	
22 000	11 000	14 000	9 000

590 000			
470 000	120 000		
360 000	110 000	10 000	
260 000	100 000	10 000	0

6 a)
250 000 + 320 000 =
780 000 − 430 000 =
320 000 + 640 000 =
850 000 − 430 000 =

b)
284 761 + 200 000 =
452 487 − 100 040 =
872 846 − 600 400 =
520 327 + 305 000 =

7 a)
629 735 —(− 7 000)→ 622 735 —(+ 20 000)→ 642 735 —(− 310 000)→ 332 735 —(+ 210)→ 332 945 —(− 40 000)→ 292 945 —(+ 80)→ 293 025

b)
569 614 —(− 9 000)→ 560 614 —(+ 20 000)→ 580 614 —(− 230 000)→ 350 614 —(+ 310)→ 350 924 —(− 30 000)→ 320 924 —(+ 70)→ 320 994

1 bis 4, 6 und 7: Stellenwertsystem zum Addieren und Subtrahieren nutzen 5: Rechenmauern lösen
LB 34–35 TÜ 26

1 Bilde den Überschlag. Berechne dann die Summe.

a)
- Ü: 79000 — 24518 + 53536
- Ü: — 53697 + 38605
- Ü: — 63824 + 8969
- Ü: — 54376 + 384782

b)
- Ü: — 54387 + 93825
- Ü: — 352614 + 54197
- Ü: — 49352 + 71448
- Ü: — 34775 + 248542

c)
- Ü: — 38276 + 24932
- Ü: — 795352 + 135278
- Ü: — 83402 + 93685
- Ü: — 374389 + 578604

2 Rechne im Kopf oder schriftlich.

a)
34250 + 4250 = 38500
61703 + 5207 = 66910
82430 + 9999 = 92429
76129 + 8909 = 85038

b)
734635 + 29837 = 764472
640304 + 5071 = 645375
517664 + 34155 = 551819
425379 + 45984 = 471363

3

Berechne die Summe aus 43609 und 47681.

91290

Berechne das Doppelte von 463583.

927166

4 Finde die Aufgabe.

Ein Summand ist 173512, die Summe ist 564209.

Addieren mit mehr als zwei Summanden

1 Bilde den Überschlag. Berechne dann die Summe.

Ü:	Ü:	Ü:	Ü:
24235	62714	76128	367342
+ 4683	+ 956	+ 8639	+ 624177
+ 53714	+ 53429	+ 19532	+ 60933

2 Schreibe stellengerecht untereinander und addiere.

78431 + 36625 + + 4779

95483 + 65826 + + 3174 + 38027

64232 + 88274 + + 6278

35694 + 242 + + 6364 + 62816

Lösungen zu 1 2: 82632 104299 105116 117099 119835 158784 202510 1052452

3 Finde die Fehler und berichtige sie.

27439	81462	24573	64513
+ 1872	+ 54786	+ 8269	+ 24738
+ 56676	+ 6367	+ 341752	+ 52469
84988	133585	364594	141720

4 Ergänze die fehlenden Ziffern.

360_	2_635	3544	2147_
+ 72_34	+ _4_21	+ __1_3	+ _5_61
+ 2_158	+ 532_4	+ 4527_	+ 4_234
_7800	13908_	92_50	82168

5 Vergleiche durch einen Übeschlag. Setze das richtige Zeichen: < oder >.

a) 34215 + 43100 + 17369 ◯ 100000
25941 + 11345 + 20120 ◯ 50000
14520 + 62040 + 41300 ◯ 100000

b) 28742 − 8524 + 200 ◯ 20000
52987 + 999 − 1699 ◯ 53000
69547 − 2470 − 934 ◯ 65000

1 und 2: Schriftliches Addieren 3: Fehler finden und korrigieren
4: Fehlende Ziffern ergänzen 5: Durch Überschlagen Summe mit Zahl vergleichen

LB 38–39 TÜ 28

1 Bilde erst den Überschlag. Berechne dann die Differenz.

Ü: 22000

```
  43756      63274      82703      32572
- 21928    - 41539    - 56241    - 23469
  21828      21735      26402       9103
```

Ü:

```
  78546      50402      68425      85243
-  2493    -  9386    -  9517    -  2498
  76053      41016      58908      82745
```

Ü:

```
  53214      70604      49000      74635
- 37859    - 30867    -  8923    -  9967
  15355      39737      40077      64668
```

2 Schreibe stellengerecht untereinander und subtrahiere.

32 785 – 23 156 → 9629

43 072 – 2 934 → 40138

782 900 – 343 876 → 439024

652 734 – 49 628 → 603106

3 Berechne die Differenzen. Vervollständige die letzte Aufgabe.

```
  97779      86668      75557      64446
- 79997    - 68886    - 57775    - 46664
  17782      17782      17782      17782
```

4

	Minuend	Subtrahend	Differenz
	824 637	735 655	88982
mdl.	58 450	30 100	28 350
mdl.	324 000	18 000	306 000
mdl.	423 000	323 001	99 999
	81 194	42 670	38 524
mdl.	41 000	12 010	78 990

Subtrahieren mit zwei Subtrahenden

1 Bilde erst den Überschlag. Berechne dann die Differenz.

Ü: 50000	Ü: 0	Ü: 20000	Ü: 30000
82635	42739	73385	92746
− 14376	− 28614	− 34673	− 43152
− 23549	− 13726	− 21534	− 27384
44710	399	17178	22210

Ü: 20000	Ü: 690000	Ü: 880000	Ü: 20000
54263	742640	934430	60200
− 26886	− 4996	− 57798	− 1532
− 3559	− 52780	− 3946	− 42778
23818	684864	872686	15890

2 Schreibe stellengerecht untereinander und subtrahiere.

4254,37 m − 638 m − 452,93 m

4582,73 m − 359,73 m − 1463,25 m

8372,18 € − 1395,71 € − 146,36 €

6210,53 € − 482 € − 1634,06 €

2759,75 m | 3163,44 m | 6830,11 € | 4094,47 €

3 Finde die Fehler und berichtige sie.

534827	371962	432571	60205
− 26342	− 51346	− 38462	− 3481
− 2436	− 84697	− 214361	− 258
15040	335829	179848	57464
506049	235919	179748	56466

4 Vergleiche durch einen Überschlag.
Setze das richtige Zeichen: < oder >.

a) 85412 − 23401 − 2115 > 50000
b) 67826 − 12260 − 4999 < 53000
c) 76152 − 3824 − 666 > 70000
d) 32765 − 12640 − 888 < 20000

5 Addiere zur Zahl 73654 die Differenz aus den Zahlen 46821 und 36507.

73654 + 10314 = 83968

1 a) 4 850 + 2 350 = x
x = 7200

3 800 + z = 5 900
z = 2100

e + 34 620 = 60 000
e = 25380

b) y + 1 300 = 2 750
y = 1450

5 256 + 3 838 = d
d = 9094

25 765 + f = 78 221
f = 52456

Rechne hier:

2 a) 8 640 − 4 300 = a
a = 4340

7 840 − c = 5 000
c = 2840

78 250 − f = 50 813
f = 27437

b) b − 2 501 = 6 302
b = 8803

d − 4 526 = 3 857
d = 8383

86 042 − g = 30 000
g = 56042

Lösungen zu ①②: 1450 2100 2840 4340 7200 8383 8803 9094 25380 27437 52456 56042

3 Schreibe die Gleichung auf und berechne die fehlende Zahl.

Der Subtrahend ist 2 400.
Der Minuend ist doppelt so groß.

4800 − 2400 = 2400

Die Differenz ist 4 500,
der Subtrahend ist halb so groß.

a − 2250 = 4500
a = 2250

4 Gib alle Zahlen an, die du für die Variable einsetzen kannst.

215 + x < 220
x =

530 − x > 525
x =

x + 495 < 500
x =

2 602 − y > 2 597
y =

3 688 + y < 3 692
y =

6 003 − y > 5 999
y =

5 Gib jeweils die größte Zahl an, die du für a einsetzen kannst.

a) 5 961 + a < 6 000
a =

6 984 − a > 6 934
a =

2 850 − a < 2 805
a =

4 308 + a < 4 379
a =

b) 4 400 + a < 4 900
a =

6 700 − a > 5 700
a =

9 687 − a > 9 000
a =

1 111 + a < 1 222
a =

1 An einer Grundschule wurden von 105 Kindern der 3. Klassen und 96 Kindern der 4. Klassen die Fahrräder auf Verkehrssicherheit überprüft.

Mängel	Kl. 3	Kl. 4	gesamt
A: kein Kettenschutz	5	12	
B: defekte Klingel	12	23	
C: fehlerhafte Bremse	27	31	
D: geringes Reifenprofil	32	15	
E: defekte Beleuchtung	15	5	
insgesamt			

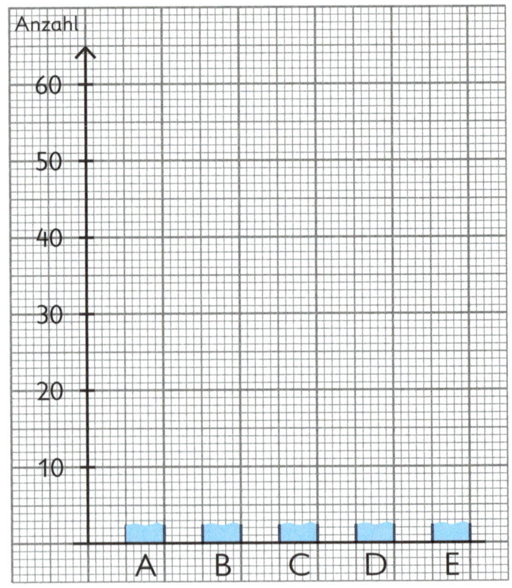

a) Berechne die fehlenden Angaben.

b) Zeichne ein Streifendiagramm zur Gesamtzahl der jeweiligen Mängel (1 mm entspricht 1 Fahrrad).

c) Bei wie vielen Drittklässlern funktioniert die Fahrradbeleuchtung korrekt?

Aufgabe: ____________________

Antwort: ____________________

d) Welcher Mangel trat am häufigsten und welcher am wenigsten auf?

Antwort: ____________________

2 Das Diagramm zeigt, wie viel Restmüll eine Person in Deutschland im Durchschnitt erzeugt.

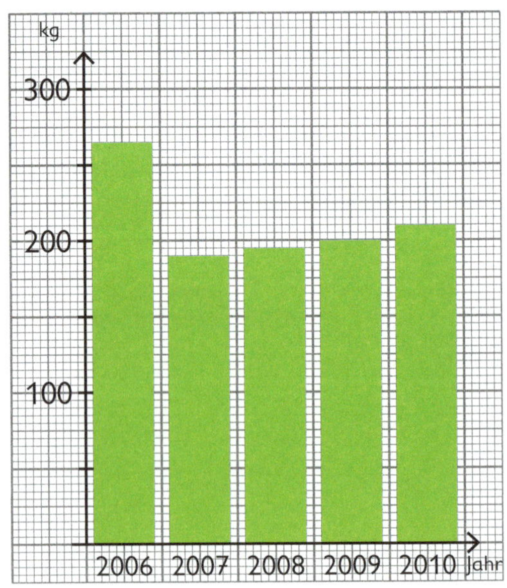

a) Lies aus dem Diagramm ab, wie viel Müll eine Person erzeugt hat:

im Jahr 2006: 265 kg   im Jahr 2007: 190 kg

im Jahr 2008: 195 kg   im Jahr 2009: 200 kg

im Jahr 2010: 210 kg

b) Wie viel Restmüll hat ein Haushalt mit mehreren Personen produziert?

Haushalt mit …	2006	2010
2 Personen	530	420
4 Personen	1060	840

c) Um wie viel Kilogramm hat sich der Restmüll einer Person von 2006 bis 2007 verringert?

um 75 kg

Findest du dafür eine Erklärung? ____________________

d) In welchem Jahr hat ein Haushalt mit 2 Personen 390 kg Restmüll erzeugt?

im Jahr 208

1: Anzahl der Mängel im Streifendiagramm darstellen; Daten der Tabelle entnehmen und damit rechnen
2: Daten dem Diagramm entnehmen und damit rechnen

LB 46–47 TÜ 32

(1) Viele Walarten wurden von Menschen fast ausgerottet.

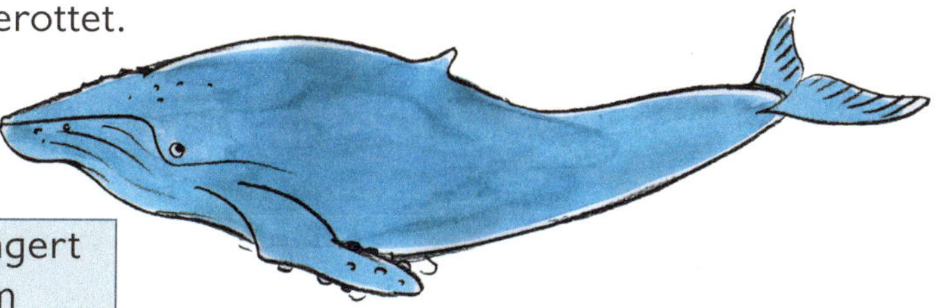

a) Um wie viele Wale hat sich die jeweilige Walart verringert?

Walart	Bestand früher	Bestand heute	verringert um
Blauwal	250 000	8 000	
Finnwal	470 000	50 000	
Buckelwal	150 000	20 000	
Grönlandwal	60 000	6 000	

b) Wahr (w) oder falsch (f)?

Heute lebt nur noch der zehnte Teil der Grönlandwale. ◯, denn ______ : ______ = ___

Früher lebten ungefähr siebzigmal so viele Blauwale wie heute. ◯, denn ___ · ______ = ________

[2] In einer Stunde schwimmt ein Thunfisch 75 km. Ein Grauwal legt in der gleichen Zeit nur den zehnten Teil dieser Strecke zurück.

a) Wie weit schwimmt der Grauwal in einer Stunde?
b) Kann der Thunfisch in 20 Minuten 25 km zurücklegen?

Aufgaben:

Antwort a): ____________________

Antwort b): ____________________

△3 Delfine können in einer Stunde 48 km weit schwimmen. Schwertfische legen in einer Stunde eine doppelt so lange Strecke zurück.

a) Wie viel Kilometer schwimmt ein Delfin in einer halben Stunde, wie viel in 10 Minuten?
b) Der Schwertfisch schwimmt 1 Stunde und 30 Minuten.
Der Delfin schwimmt drei Stunden.
Welcher Fisch ist die längere Strecke geschwommen?

Aufgaben:

Antwort a): ____________________

Antwort b): ____________________

1 bis 3: Inhalt erfassen, Aufgaben bilden und lösen, im Satz antworten
LB ▸ 48–49 TÜ ▸ 33

Parallelen – Senkrechte – rechte Winkel

(1) Überprüfe mit dem Geodreieck:

a) Welche Geraden sind zueinander parallel? Zeichne sie mit gleicher Farbe nach.

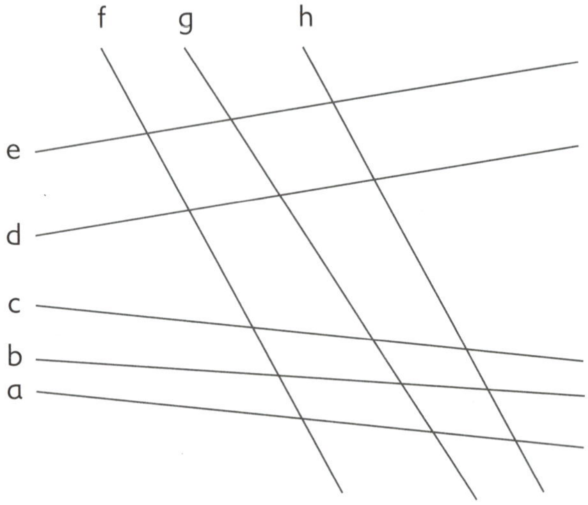

b) Welche Geraden sind senkrecht zu g oder zu h? Zeichne sie mit gleicher Farbe nach.

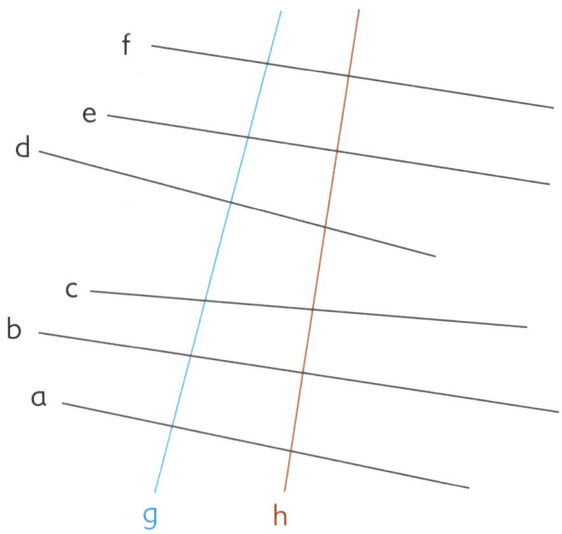

(2) Welche Seiten sind zueinander parallel? Zeichne sie mit gleicher Farbe nach.
Dann kennzeichne alle rechten Winkel so: .

a) 

b) 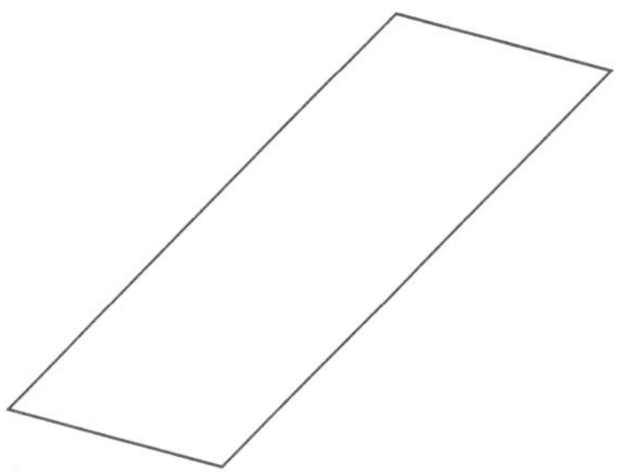

c) 

d) 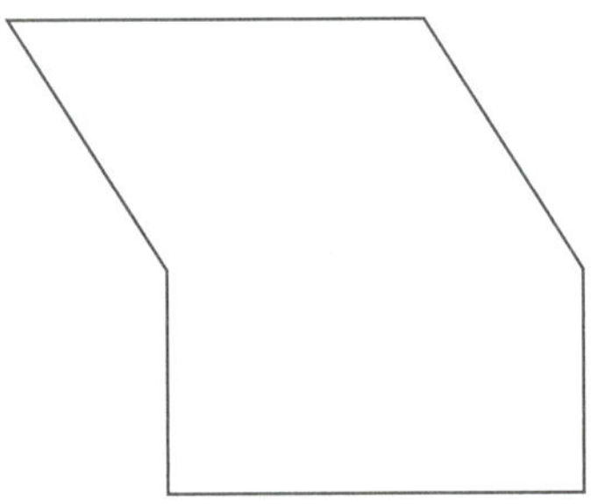

e) 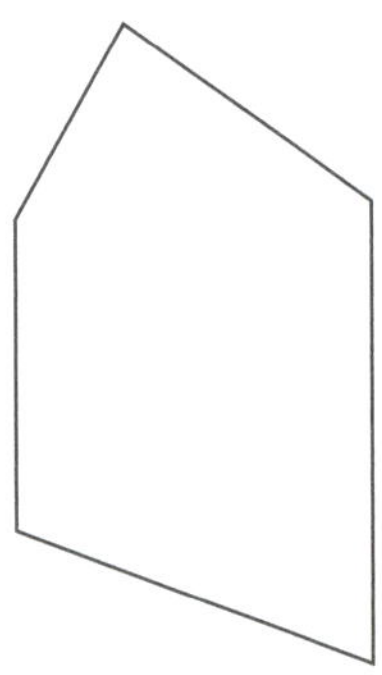

f) 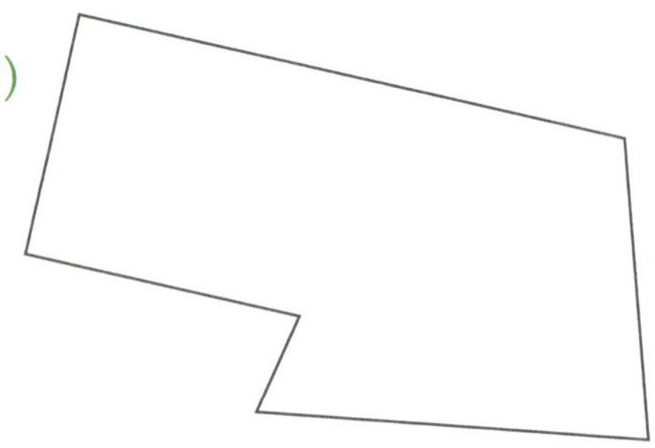

3 Kennzeichne alle rechten Winkel so: .

a) 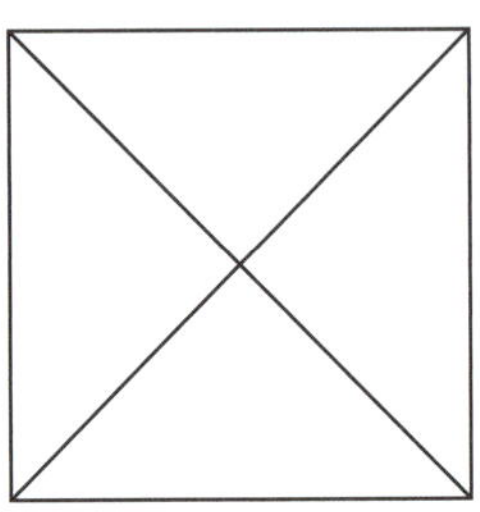

b) 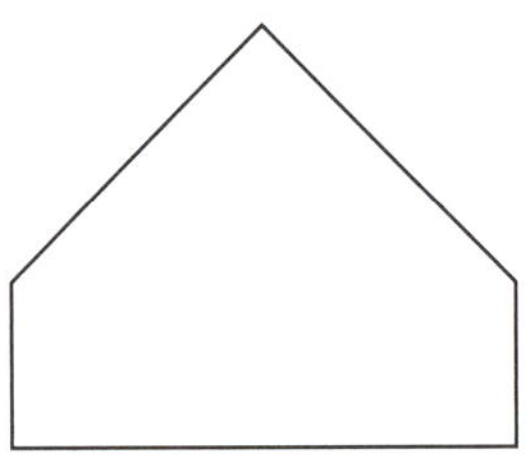

c) 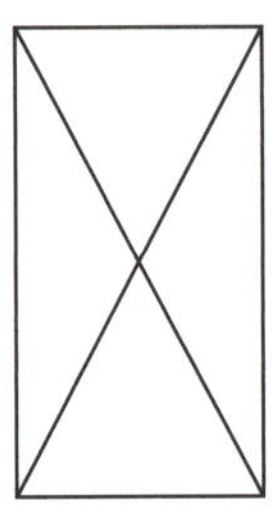

d) 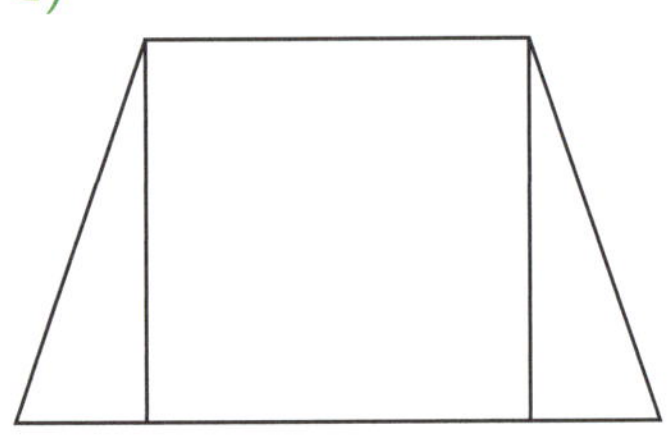

1: Zueinander parallele/senkrechte Geraden identifizieren und kennzeichnen
2: Zueinander parallele Seiten und rechte Winkel finden und kennzeichnen 3: Rechte Winkel finden und kennzeichnen
LB 50–51 TÜ 34

(1) Zeichne Linien, die zu den Seiten des Dreiecks parallel sind. Die Linien sollen bei den farbigen Punkten starten.

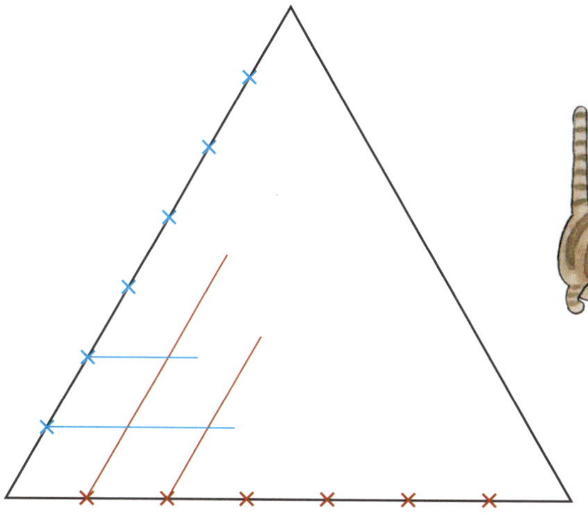

[2] Zeichne die Parallelen und Senkrechten im gleichen Abstand weiter.

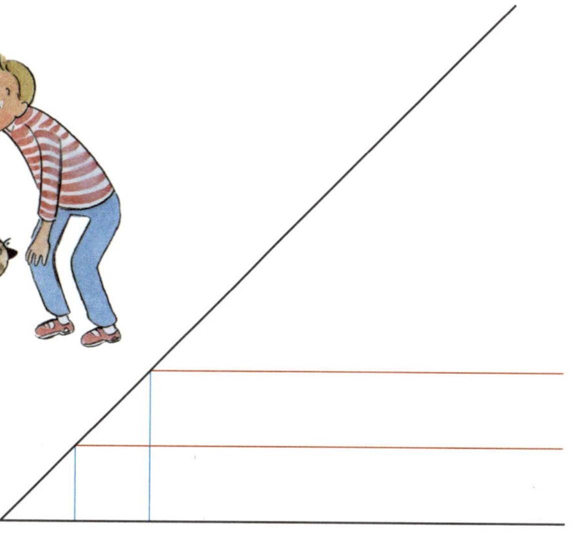

[3] Zeichne das Muster weiter.

[4] Erfinde selbst Muster:

a) mit zueinander senkrecht stehenden Linien, b) mit schräg verlaufenden Linien.

1 und 2: Parallelen nach Vorgabe zeichnen
3: Verlauf des Musters erfassen und weiterführen 4: Eigene Muster nach Vorgabe erfinden
LB ▶ 50–51 TÜ ▶ 34

1 Ordne. Beginne mit der kleinsten Masse.

7 g	N
$\frac{3}{4}$ kg	P
0,5 kg	L
250 g	I
0,2 t	R
8 kg	F
5 t	D
100 kg	E

Lösungswort: ______

2 Was könnte so schwer sein? Verbinde.

3 500 g | 35 kg | 1 t | 5 t | 500 kg | 8 kg

3 Wandle um.

a)

8 kg 335 g	18 kg 850 g			0 kg 60 g	
8 335 g		10 300 g			5 g
8,335 kg			7,5 kg		

b)

1 t 234 kg	5 t 350 kg			35 t 3 kg	
1 234 kg		8 078 kg			67 kg
1,234 t			12,3 t		

4 Immer zwei Angaben gehören zusammen. Male sie mit der gleichen Farbe aus.

a) Zusammen ein Kilogramm!

500 g | 250 g | 935 g | 812 g | $\frac{3}{4}$ kg | $\frac{1}{2}$ kg | 188 g | 65 g

b) Zusammen eine Tonne!

892 kg | $\frac{1}{2}$ t | 108 kg | $\frac{3}{4}$ t | 0,2 t | 800 kg | 500 kg | $\frac{1}{4}$ t

5 a) $7\frac{1}{4}$ kg = ______ g

$56\frac{3}{4}$ kg = ______ g

$20\frac{1}{2}$ kg = ______ g

b) $3\frac{1}{2}$ t = ______ kg

$6\frac{1}{4}$ t = ______ kg

$10\frac{3}{4}$ t = ______ kg

6 1 t = ______ g

1,5 t = ______ g

2,037 t = ______ g

1: Größenangaben ordnen 2: Größenvorstellungen entwickeln 3: Größenangaben umrechnen
4: Angaben zu 1 kg bzw. zu 1 t ergänzen 5: Größenangaben mit Brüchen umrechnen 6: Angaben von Tonnen in Millionen Gramm umwandeln

LB 54–57 TÜ 35–36

1 a) Was passt zusammen? Verbinde.

10 l	200 ml	75 ml	5 l	2 ml	1 l	1,5 l	200 l

b) Ordne die Rauminhalte der Größe nach. Beginne mit dem größten Rauminhalt.

____

c) Gib alle Angaben in Liter und in Milliliter an.

Wasserglas: 0,2 l = 200 ml		Apfelschorle: ____ l = ________ ml
Milch: ____ l = ________ ml		Zahnpasta: ____ l = ________ ml
Gießkanne: ____ l = ________ ml		Tintenpatrone: ____ l = ________ ml
Eimer: ____ l = ________ ml		Badewanne: ____ l = ________ ml

2 Setze das richtige Zeichen: < = >.

a)		b)		c)	
5 l ○ 5 000 ml		0,75 l ○ $\frac{1}{2}$ l		250 l ○ 250 ml	
0,5 l ○ 600 ml		5,2 l ○ 5 l 200 ml		300 ml ○ 0,33 l	
1,700 l ○ 0,170 ml		3 l ○ 300 ml		$\frac{1}{2}$ l ○ 500 ml	

3 Für eine Klassenfeier machen Tom und Max eine leckere Bowle.
Wie viel Liter Bowle kann die Klasse trinken?

Aufgabe:

Antwort: ____

1: Größenangaben zuordnen, ordnen und umrechnen (auch in Kommaschreibweise) 2: Größenangaben vergleichen
3: Mit Größenangaben rechnen: Inhalt erfassen, Aufgabe bilden und lösen, im Satz antworten
LB 58–59 TÜ 37

Größenangaben in Kommaschreibweise

1 Überschlage zuerst, dann rechne.

a) 5,99 € + 7,55 €

Ü: 6 € + 8 € =

  5,99 €
+ 7,55 €

123,50 € + 254,85 €

Ü:

b) 23,50 m + 27,30 m

Ü:

4,500 km + 6,750 km

Ü:

c) 95,650 kg – 8,450 kg

Ü:

125,352 t – 26,430 t

Ü:

d) 5,250 l – 1,5 l

Ü:

835,2 l – 598,8 l

Ü:

2 Rechne. Wandle immer zuerst beide Größenangaben in die gleiche Einheit um.

a) 25,35 € + 98 ct = ________ €

4,35 m + 180 cm = ________ m

6,3 cm + 80 mm = ________ cm

94,55 € + 545 ct = ________ €

b) 6,5 kg – 800 g = ________ kg

25 km – 25 m = ________ km

7,02 t – 72 kg = ________ t

2500 ml – 0,33 l = ________ l

1: Größenangaben in Kommaschreibweise addieren und subtrahieren
2: Größenangaben in unterschiedlichen Schreibweisen addieren und subtrahieren

LB 60 TÜ 38

① Nenne alle Dreiecke, die du findest.

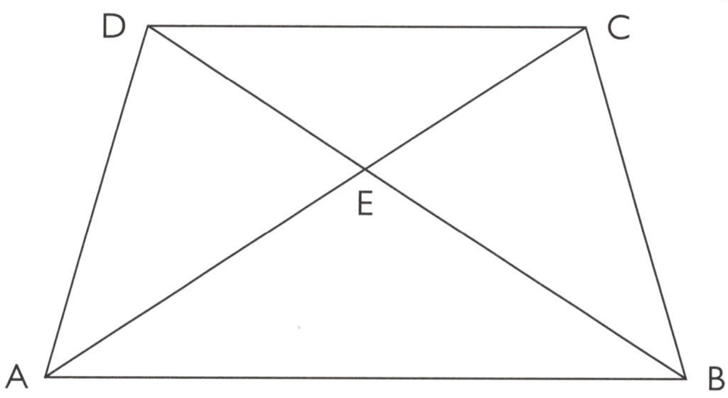

Dreiecke: ABE, BCE, CDE, ADE, ABD, ABC, BCD, CDA

Es gibt 8 Dreiecke.

2 Zeichne in das Viereck **zwei** Linien so ein, dass zwei Dreiecke und ein Quadrat entstehen.

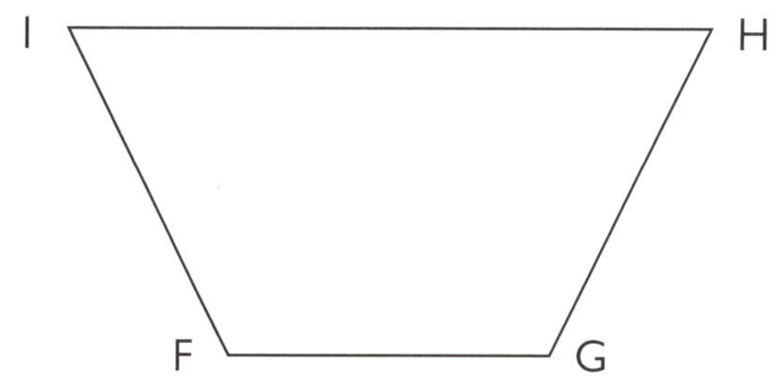

3 Zeichne in das Rechteck **drei** Linien so ein, dass ein Dreieck und drei Vierecke entstehen.

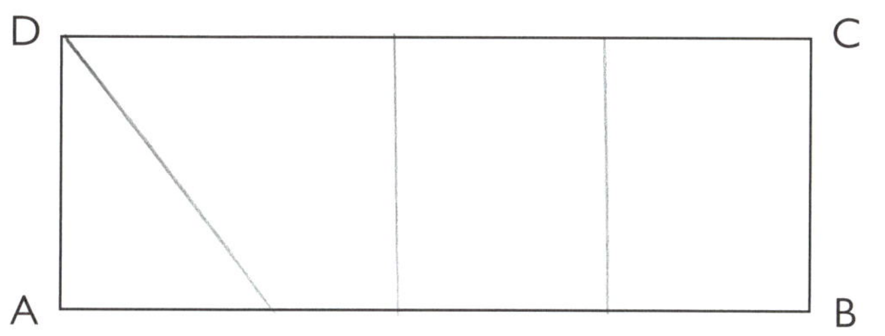

4 Zeichne fünf Dreiecke so dazu, dass ein Parallelogramm entsteht.
Tipp: Alle sechs Dreiecke müssen gleich groß sein.

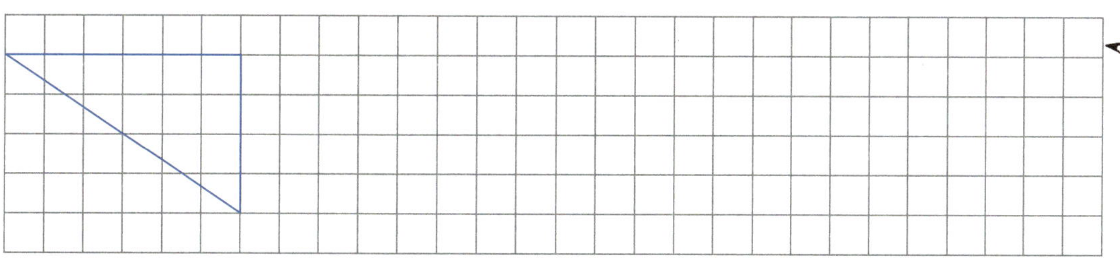

5 Zeichne in jedes Viereck **zwei** Linien so ein, dass die in der Tabelle angegebene Anzahl von Dreiecken und Vierecken entsteht.

Figuren	a)	b)	c)	d)
Dreiecke	3	2	1	0
Vierecke	0	1	2	4

a)

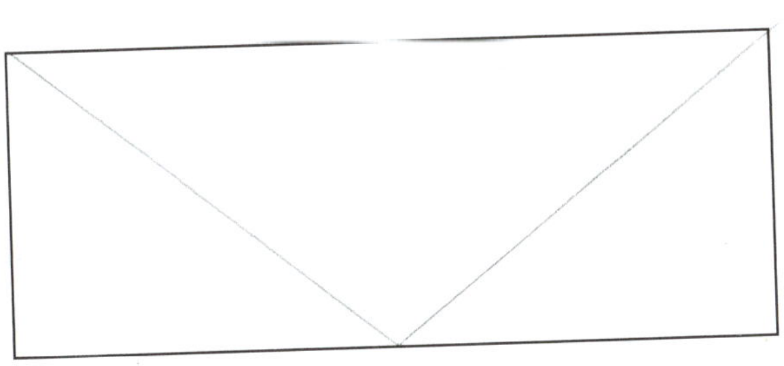

b)

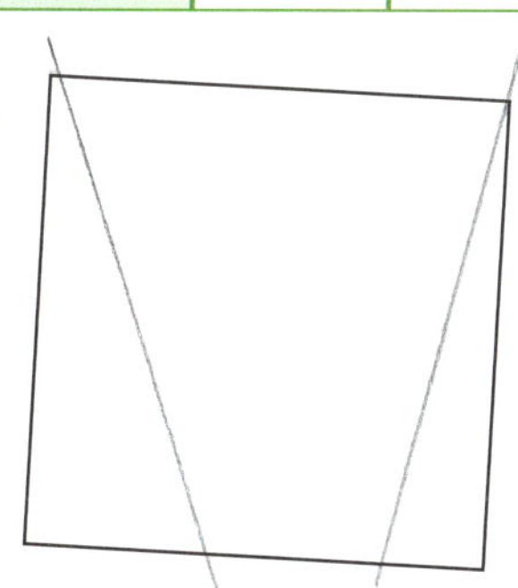

c)

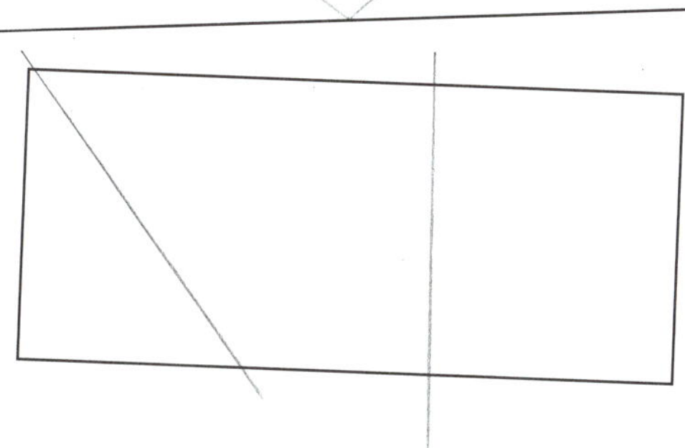

d)

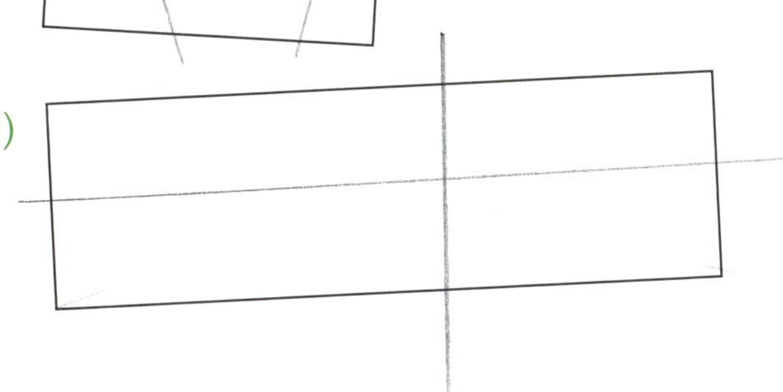

1: Alle Dreiecke finden 2 und 3: Viereck nach Vorgabe zerlegen
4: Parallelogramm aus sechs gleichen Dreiecken zusammensetzen 5: Vierecke nach Vorgabe zerlegen
LB 62–63 TÜ 39

Zeichnen von Rechtecken und Quadraten

1 Ergänze zum Rechteck.

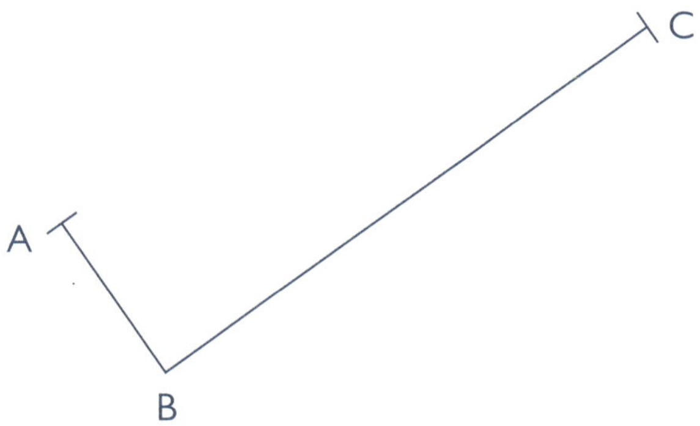

2 Ergänze zum Quadrat.

3 a) Zeichne ein Rechteck mit den Seitenlängen $\overline{AB} = 80\,mm$ und $\overline{BC} = 40\,mm$.

b) Zeichne Strecken ein, die das Rechteck in acht gleich große Quadrate zerlegen.

4 Zeichne ein Quadrat, das doppelt so lange Seiten hat wie das Quadrat ABCD. Der Punkt A soll auch Eckpunkt des neuen Quadrates sein.

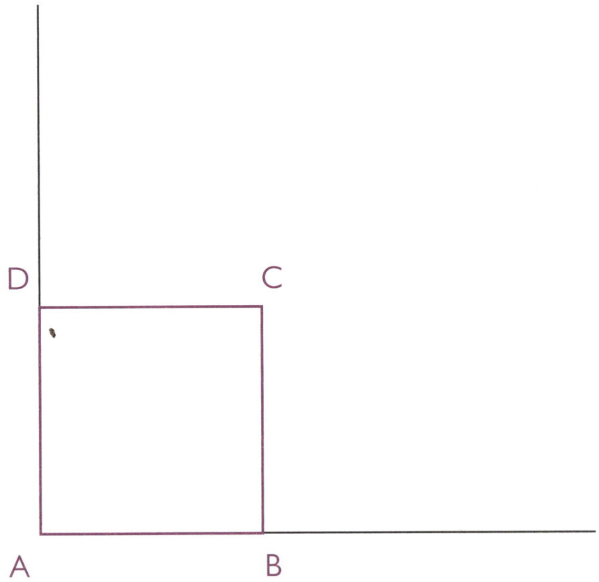

5 Zeichne ein Rechteck, das halb so lange Seiten hat wie das Rechteck KLMN. Der Punkt K soll auch Eckpunkt des neuen Rechtecks sein.

1 und 2: Zum Rechteck bzw. zum Quadrat ergänzen 3: Rechteck nach Vorgabe zeichnen
4: Quadrat durch Verdoppeln der Seitenlängen vergrößern 5: Rechteck durch Halbieren der Seitenlängen verkleinern

LB ▶ 64 TÜ ▶ 40

① Ergänze so, dass ein Parallelogramm mit den vorgegebenen Seitenlängen entsteht.

a) $\overline{AB}$ = 55 mm und $\overline{AD}$ = 40 mm

b) $\overline{CD}$ = 6,2 cm und $\overline{BC}$ = 4,6 cm

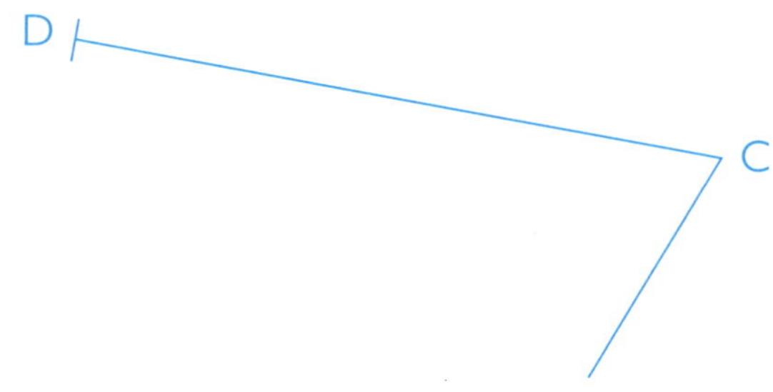

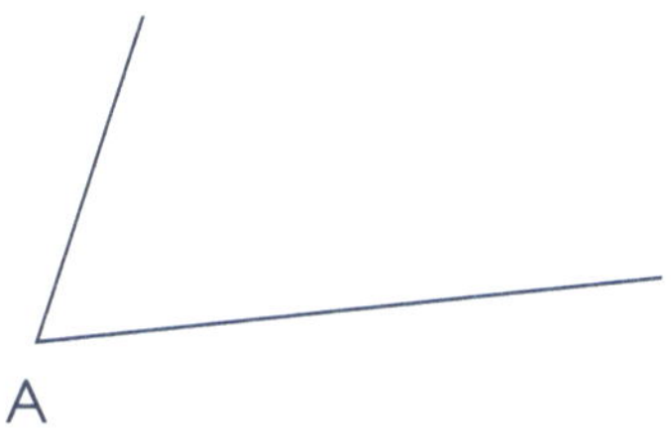

2 Markiere an jeder Seite der Figur die Mitte.
Verbinde diese Punkte mit geraden Linien.
Stimmt es, dass die entstandenen Figuren Parallelogramme sind? ⊗ ja ◯ nein

Begründe: ______________________________

a)

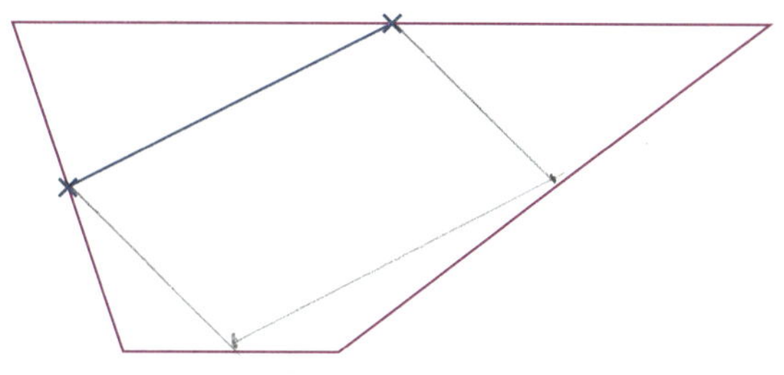

b)

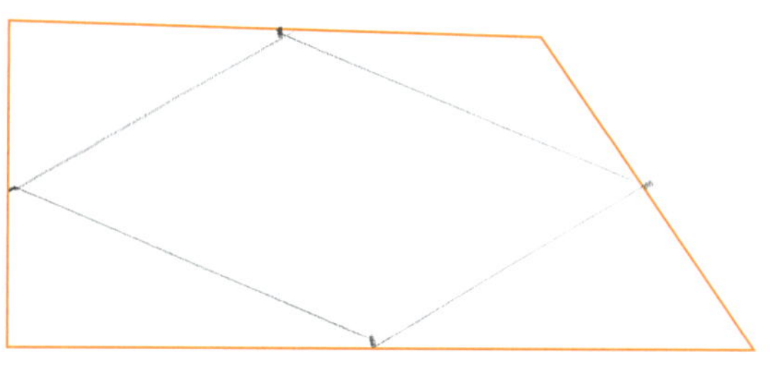

△3 Zeichne die Figur so, dass ein Parallelogramm mit der vorgegebenen Eigenschaft entsteht.

a) mit vier gleich langen Seiten

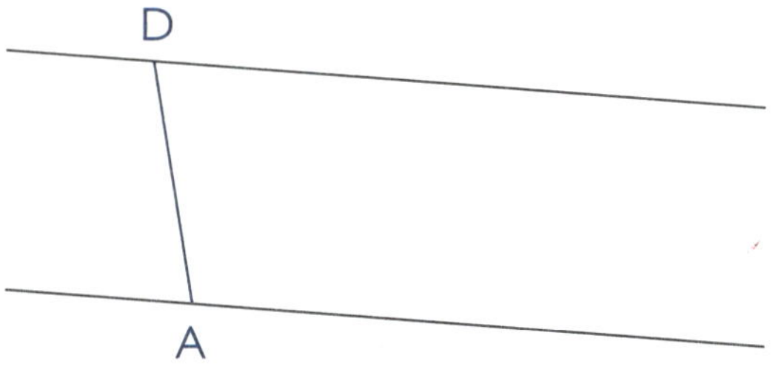

b) mit rechten Winkeln

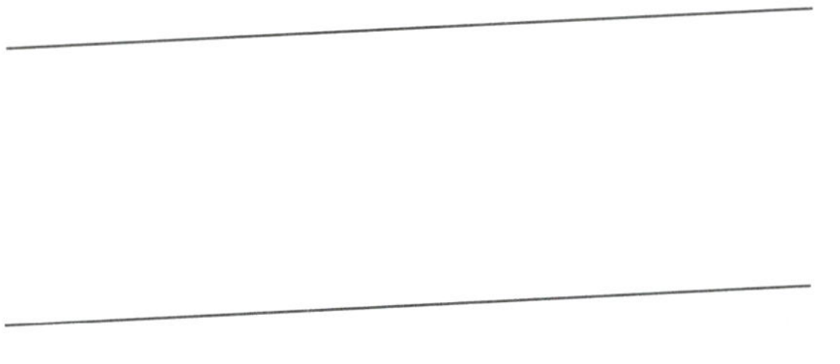

c) mit rechten Winkeln und vier gleich langen Seiten

d) ohne rechte Winkel

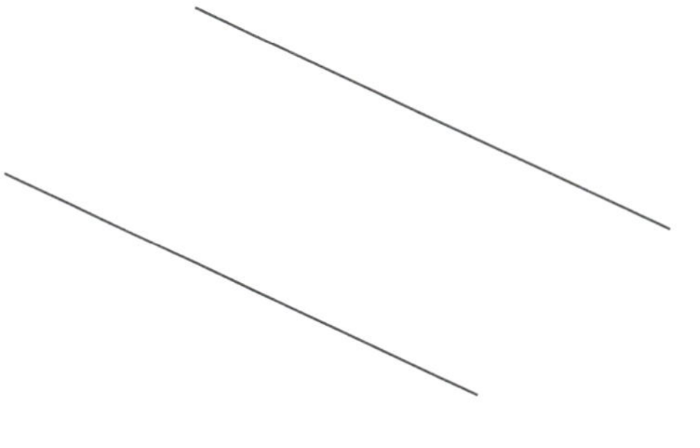

1: Figuren zu Parallelogrammen mit gegebenen Seitenlängen ergänzen 2: Mittelpunkte der Seiten bestimmen und verbinden; prüfen und begründen, ob entstandene Figuren Parallelogramme sind 3: Parallelogramme mit den gegebenen Eigenschaften zeichnen
LB ▶ 65

Trapeze

1 a) Zerlege durch Einzeichnen von **zwei** Linien in zwei Dreiecke und ein Trapez.

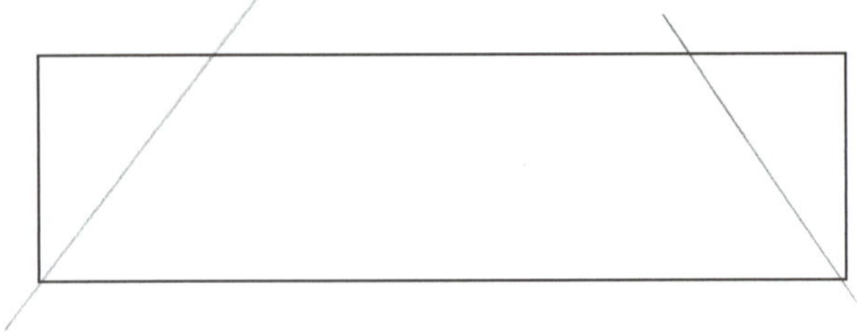

b) Zerlege durch Einzeichnen von **zwei** Linien in vier Trapeze.

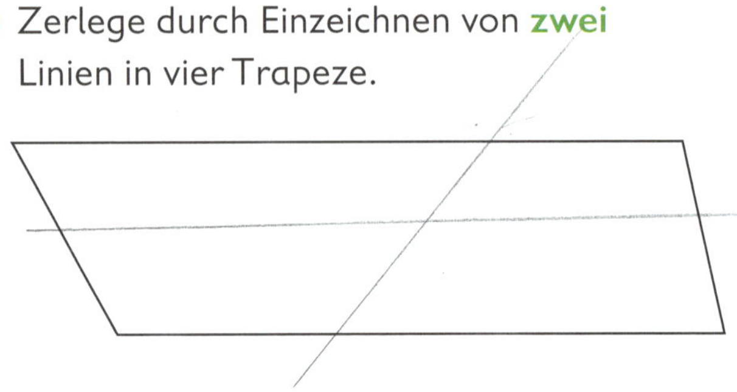

c) Benenne die Eckpunkte aller Trapeze.

2 Zeichne das Muster weiter. Kreuze an, ob die Figuren Quadrate (Qu), Rechtecke (Re), Parallelogramme (Pa), Trapeze (Tr), Vierecke (Vi) sind.

a)

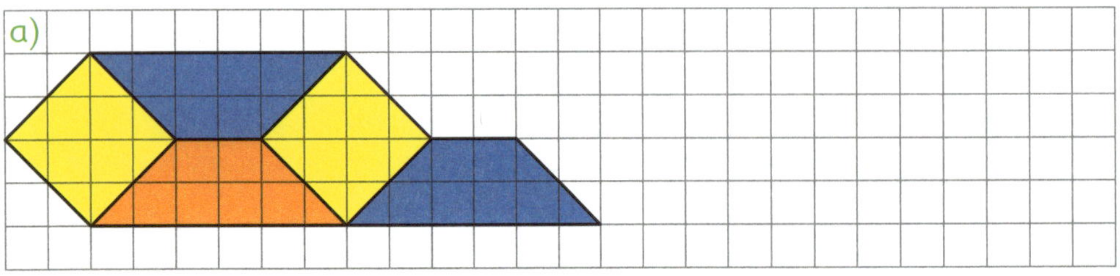

	Qu	Re	Pa	Tr	Vi
(blau)				X	X
(gelb)					
(orange)					

b)

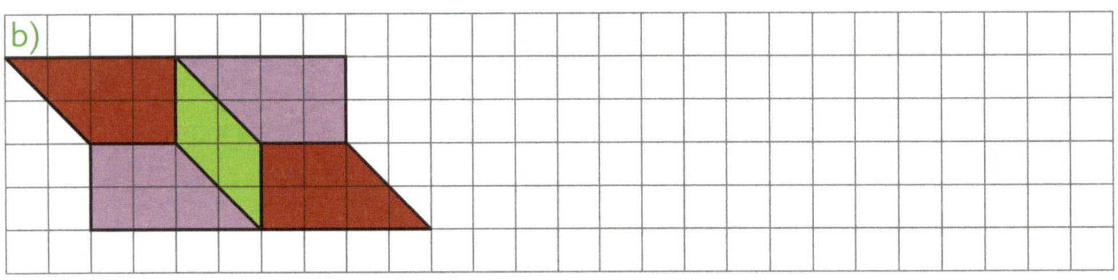

	Qu	Re	Pa	Tr	Vi
(braun)					
(grün)					
(lila)					

3 a) Vervollständige zu einem Trapez, das rechte Winkel hat.

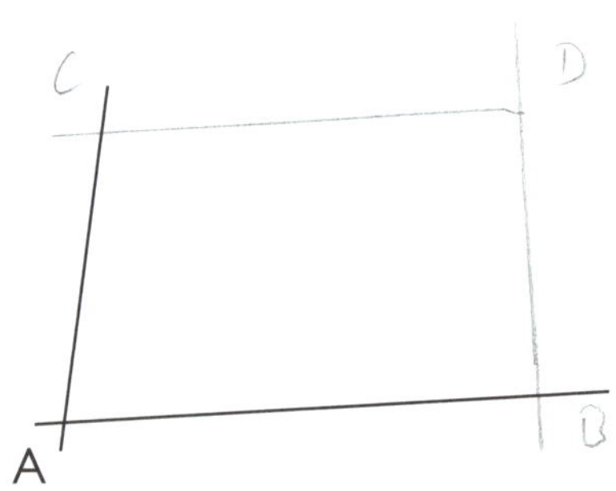

b) Vervollständige zu einem Trapez, das **keinen** rechten Winkel hat.

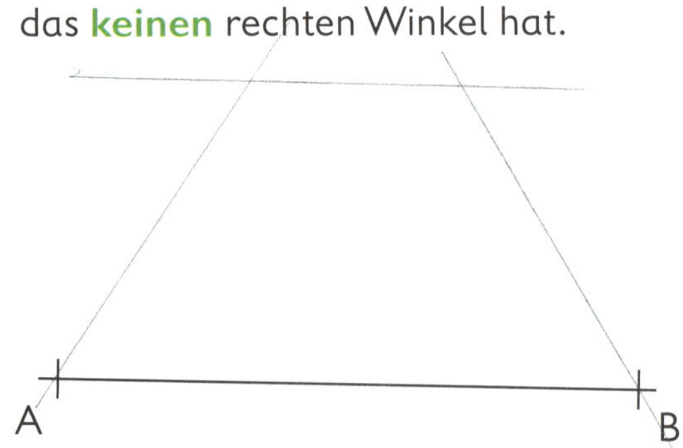

4 Vervollständige zu einem Trapez mit **zwei** rechten Winkeln.

a)

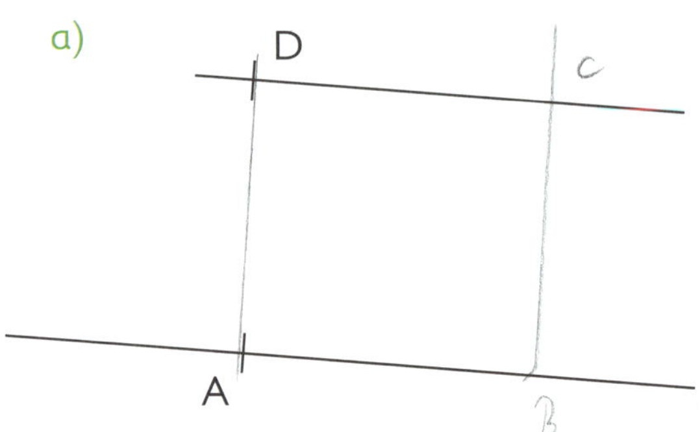

b)

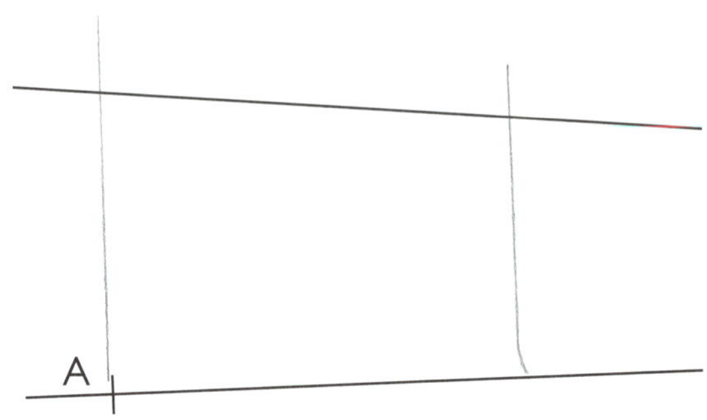

1: Figuren nach Vorgabe zerlegen 2: Muster mit Trapezen zeichnen, Vierecksformen erkennen
3 und 4: Die Skizzen zu Trapezen mit den gegebenen Eigenschaften ergänzen

LB ▶ 66

1 a) Zeichne in jeden Kreis einen Radius r und einen Durchmesser d ein.

b) Zeichne um den Mittelpunkt M des kleinen Kreises einen weiteren Kreis mit einem doppelt so großen Durchmesser.

c) Zeichne um den Mittelpunkt M des großen Kreises einen weiteren Kreis mit einem halb so großen Durchmesser.

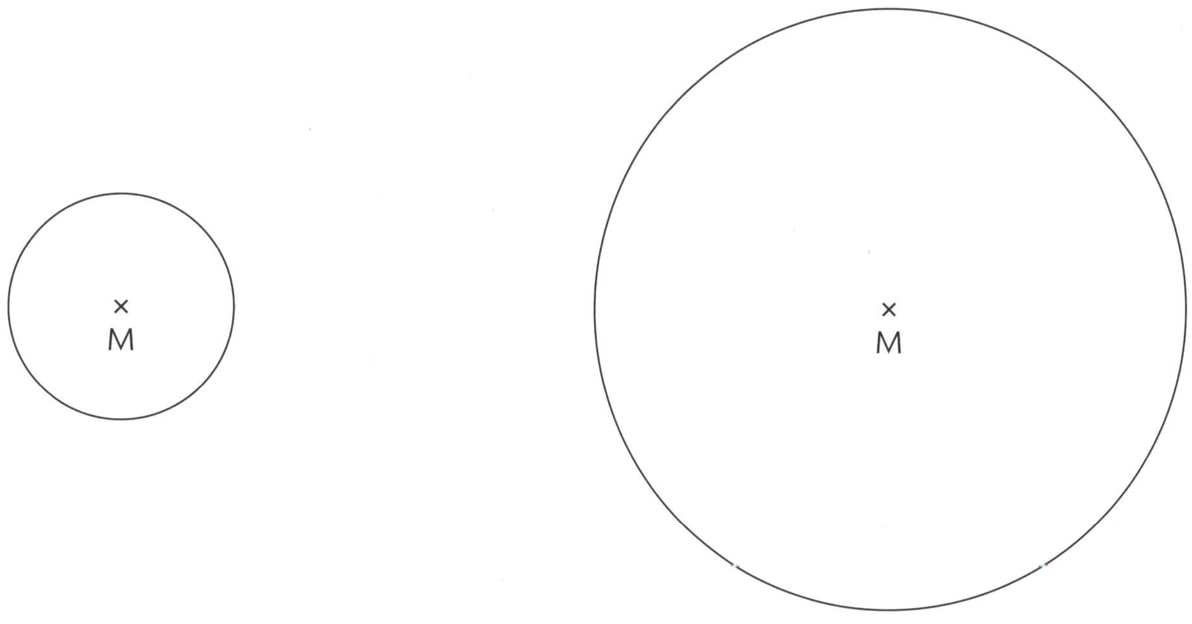

2 Zeichne um jeden Eckpunkt des Quadrates einen Kreis. Der Radius der Kreise soll halb so lang sein wie die Seitenlänge des Quadrates.

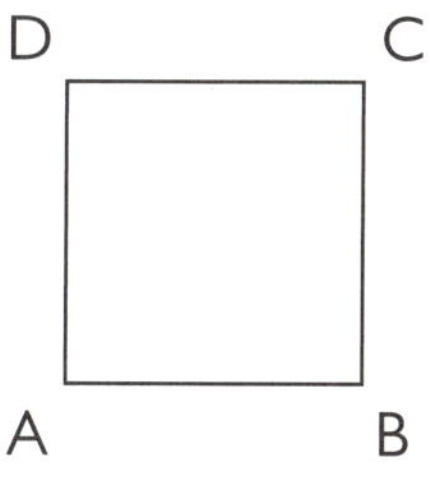

3 Zeichne in das Quadrat einen Kreis so, dass er alle vier Seiten des Quadrates berührt.

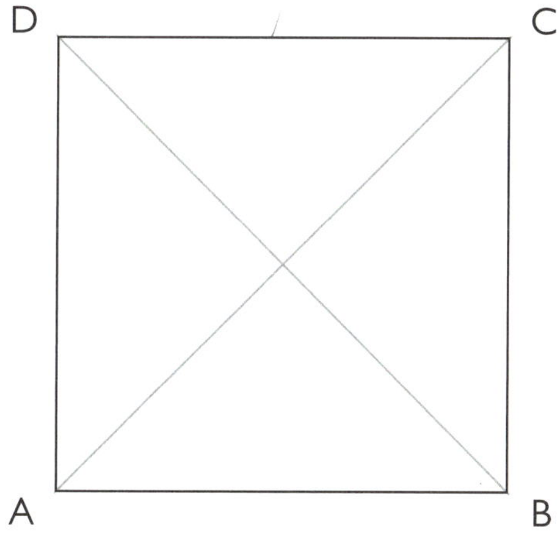

4 Zeichne um das Quadrat einen Kreis, der alle 4 Eckpunkte des Quadrates berührt.

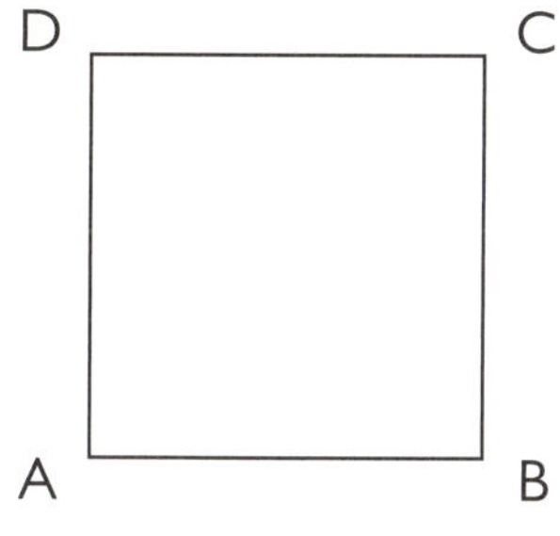

Vielfache und Teiler

1 Finde gemeinsame Vielfache der Zahlen.

a) 2 und 4: 8, 12, 16, 20

b) 5 und 10: 20, 30, 40, 50

c) 3 und 5: 15, 30, 45, 60

d) 3 und 7: 21, 42, 63, 84

e) 4 und 5: 20, 40, 60, 80

2
a) Alle Vielfachen von 10 haben als Endziffer die 0.
b) Alle geraden Zahlen sind Vielfache von 2.
c) Alle Vielfachen von 5 haben 0 oder 5 als Endziffer.
d) Alle Vielfachen von 8 sind gemeinsame Vielfache von 2 und 4.

3 Schreibe alle Teiler auf.

alle Teiler von 24: 1, 2, 3, 4, 6, 8, 12, 24

alle Teiler von 42: 1, 2, 3, 6, 7, 14, 21, 42

alle Zahlen, die Teiler von 72 und von 90 sind: 1, 2, 3, 6, 9

alle Zahlen, die Teiler von 28 und von 56 sind: 1, 2, 4, 7, 14, 28

alle Zahlen, die Teiler von allen Zehnerzahlen sind: 1, 2, 5, 10

4
a) Eine Zahl hat den Teiler 2, wenn die letzte Ziffer 0, 2, ______ ist.
b) Eine Zahl hat den Teiler 5, wenn die letzte Ziffer ______ ist.
c) Eine Zahl hat den Teiler 10, wenn die letzte Ziffer ______ ist.

5 Welche Zahlen gehören nicht in den Kasten? Streiche sie durch.

4 und 6 sind Teiler von:	3 und 7 sind Teiler von:	2, 4 und 6 sind Teiler von:
24, 30, 64, 56, 48, 52, 36	14, 35, 42, 21, 63, 51	12, 44, 36, 54, 24, 48, 76

6 Gib mindestens 4 Zahlen an, die

a) den Teiler 7 haben: ______
b) den Teiler 9 haben: ______
c) die Teiler 3 und 6 haben: 12, 18, 24, 30
d) die Teiler 2, 4 und 8 haben: 8, 16, 24, 32
e) nur 1 und sich selbst als Teiler haben: 7, 13, 17, 29

1: Gemeinsame Vielfache finden 2 und 4: Teilbarkeitsregeln vervollständigen 3: Teiler finden
5: Zahlen streichen, die nicht gemeinsame Vielfache der gegebenen Teiler sind 6: Zahlen finden

LB 68 TÜ 42

1

a)
45 · 10 =
613 · 10 =
41136 · 10 =

b)
36 · 100 =
824 · 100 =
4347 · 100 =

c)
38 · 10000 =
40 · 10000 =
96 · 10000 =

2

a)
60 · 700 =
3 · 40 =
5 · 80 =

b)
400 · 30 =
70 · 20 =
3000 · 2 =

c)
300 · 300 =
80 · 600 =
3 · 8000 =

3

a) · 700

3	
80	
	6 300
	35 000

b) · 4 000

	16 000
30	
	240 000
80	

c) · 60 000

3	
	300 000
	480 000
9	

d) · 80 000

	720 000
5	
	320 000
7	

4

a)
4 · 270
4 · 200 =
4 · 70 =
4 · 270 =

350 · 7

810 · 5

b)
3 · 3400
3 ·
3 ·

6800 · 7

c)
7 · 81000
7 ·
7 ·

37000 · 4

5 Nutze Rechenvorteile.

a) 5 · 480 =
10 · =

b) 5000 · 68 =
=

c) 82 · 50 =
=

d) 208 · 500 =
=

6 Nutze Rechenvorteile.

5 · 376 · 20
=
=

25 · 1903 · 4
=
=

Dividieren

1

4200 : 6 =
42000 : 6 =
420000 : 6 =

3600 : 9 =
36000 : 9 =
360000 : 9 =

6300 : 70 =
63000 : 70 =
630000 : 70 =

2

4800 : 6 =
4800 : 60 =
4800 : 600 =

45000 : 9 =
45000 : 90 =
45000 : 900 =

280000 : 7 =
280000 : 70 =
280000 : 700 =

3

1720 : 40 =
1600 : 40 =
120 : 40 =
1720 : 40 =

3870 : 90 =
3600 =
=
=

3680 : 80 =
=
=
=

4

30100 : 700 =
28000 : 700 =
2100 =

48500 : 500 =
45000 =
=

5 In der Grundschule am Park besuchen 270 Kinder eine Arbeitsgemeinschaft (AG).

a) Jedes 3. Kind spielt ein Instrument.

Frage: ______________________________

Aufgabe:

Antwort: ______________________________

____

b) Jedes 2. Kind nimmt an einer Sport-AG teil.

Frage: ______________________________

Aufgabe:

Antwort: ______________________________

____

c) Jedes 5. Kind nimmt an einer Kreativ-AG teil.

Frage: ______________________________

Aufgabe:

Antwort: ______________________________

____

1 und 2: Dividieren durch einstellige Zahlen und durch Zehner- und Hunderterzahlen
3 und 4: Halbschriftliches Dividieren 5: Inhalt erfassen, Frage formulieren, Aufgabe finden und lösen, im Satz antworten

LB 71–73 TÜ 44

1

H	Z	E		
3	4	1	·	2

H	Z	E		
2	3	0	·	3

T	H	Z	E		
2	1	0	3	·	3

T	H	Z	E		
1	0	2	1	·	4

ZT	T	H	Z	E		
2	0	3	1	3	·	3

ZT	T	H	Z	E		
1	2	0	0	1	·	4

HT	ZT	T	H	Z	E		
2	1	0	2	1	0	·	3

Lösungen zu 1 2:
408
639
682
690
3 609
4 084
4 624
6 309
39 096
48 004
60 939
82 806
630 630
900 960

2 Überschlage zuerst, dann rechne.

Ü: 600 — 213 · 3

Ü: — 102 · 4

Ü: — 1203 · 3

Ü: — 2312 · 2

Ü: — 13032 · 3

Ü: — 41403 · 2

Ü: — 300320 · 3

3

3315 · 3

2108 · 4

1073 · 3

2101 · 7

10910 · 8

16020 · 4

273322 · 3

4

Multipliziere 15 122 mit 4.

Berechne das Produkt aus 7043 und 3.

Der erste Faktor ist 25 303, der zweite Faktor ist 2.

Die Zahl ist das Dreifache von 30 280.

5 Die Flugstrecke von Frankfurt am Main nach New York ist 7040 km lang. Das Flugzeug fliegt diese Strecke jeden Tag hin und zurück.
Wie viel Kilometer fliegt das Flugzeug in einer Woche?

Aufgabe:

Antwort: ____________________

1 und 2: Multiplizieren ohne Übertrag   3 und 4: Multiplizieren mit *einem* Übertrag
5: Inhalt erfassen, Aufgabe finden und lösen, im Satz antworten
LB 76–79   TÜ 45

① Überschlage erst, dann rechne.

Ü: 3000 · 5 = 275 · 5	Ü: 328 · 8	Ü: 159 · 7	
Ü: 6000 2348 · 3	Ü: 4907 · 4	Ü: 8768 · 9	Ü: 7072 · 7
Ü: 12195 · 6	Ü: 57097 · 8	Ü: 85876 · 7	
Ü: 223408 · 3	Ü: 187009 · 4	Ü: 109853 · 5	

1113 1375 2624 7044 19628 49504 73170 78912
456776 549265 601132 670224 748036

② Immer zwei Trommeln haben dasselbe Ergebnis. Färbe sie mit der gleichen Farbe.

3 Ergänze die fehlenden Ziffern.

327 · ☐	57☐ · 8	☐☐44 · 6	2342 · ☐	☐3 · 9
1635	4576	33264	☐026	56☐

① Überschlage erst, dann rechne.

a) Ü: 40 · 70 =
36 · 70

Ü:
45 · 80

Ü:
39 · 50

b) Ü: 60000
963 · 60

Ü:
2371 · 40

Ü:
28415 · 30

1950	57780
2520	94840
3600	852450

② Multipliziere jede Zahl der lila Bälle mit jeder Zahl der grünen Bälle.

Grüne Bälle: 200, 400, 800

Lila Bälle: 83, 425, 999, 270

3 a) (275 + 382) · 40 275 + 382 · 40 70 · (712 − 382)

b) 300 · 765 − 479 300 · (765 − 479) (810 − 575) · 500

c) 23 · 60 + 25 · 30 23 + 60 · 30 + 25 87 · 900 − 38 · 800

1848 2130 15555 23100 26280 47900 85800 117500 229021

Multiplizieren mehrstelliger Zahlen mit zweistelligen Zahlen

1

25 · 24 (U)

223 · 36 (S)

412 · 45 (R)

136 · 85 (A)

450 · 81 (T)

243 · 48 (H)

17 · 14 (B)

586 · 19 (F)

Ordne die Ergebnisse. Beginne mit der kleinsten Zahl. Wie heißt das Lösungswort?

Lösungswort:

2 Finde die Rechenfehler und kreise sie ein. Berichtige anschließend.

283 · 25	489 · 72	2108 · 36	8725 · 47
466	3223	6304	32800
1415	878	12642	56045
1	1 1		1 1
6075	3008	75682	382045

283 · 25

3

Multipliziere den Vorgänger von 789 mit dem Nachfolger von 73.

Ein Faktor ist 37, der andere 6083.

Multipliziere das Doppelte von 84 mit der Hälfte der Zahl 94.

Der zweite Faktor ist die größte zweistellige Zahl. Der andere Faktor ist zehnmal so groß.

1: Multiplizieren, Produkte der Größe nach ordnen, Lösungswort angeben
2: Rechenfehler finden und berichtigen 3: Fachbegriffe beim Multiplizieren anwenden

LB 82–83 TÜ 48

1 Multipliziere jede Zahl der roten Kärtchen mit jeder Zahl der gelben Kärtchen.

317	705	289	217	89	170

3 1 7 · 2 1 7

3 1 7 · 8 9

3 1 7 ·

2 a) 31 $\xrightarrow{\cdot 12}$ ☐ $\xrightarrow{\cdot 196}$ ☐ $\xrightarrow{\cdot 7}$ ☐

Quersumme der Zielzahl: 21

b) 52 $\xrightarrow{\cdot 4}$ ☐ $\xrightarrow{\cdot 23}$ ☐ $\xrightarrow{\cdot 209}$ ☐

Quersumme der Zielzahl: 46

3 Ergänze die fehlenden Ziffern.

2	5	4	0	6	·	8	5
	2	0	3	2	4		
				7	0		0
			5			1	0

			·	5	4	6
	1	7	3	5		
			3	8	8	
			2	0		2

4		8	·	3	0
			3		

1 Multipliziere vorteilhaft.

4 · 567 · 35

5 6 7 · 1 4 0

15 · 615 · 4

150 · 4 · 30

20 · 75 · 38

5 · 152 · 400

250 · 4 · 30

120 · 25 · 5

222 · 22 · 2

2

Bilde mit den Ziffern 2, 6, 7 und 9 die größte Zahl und multipliziere sie mit 85.

Ein Faktor ist die Differenz von 825 und 271. Der andere Faktor ist die Summe aus 215 und 379.

Bilde mit den Ziffern 1, 5 und 7 zuerst die kleinste und dann die größte Zahl. Berechne das Produkt.

3 Ein Spielwarenladen bekommt 25 Pakete mit Fußballsammelkarten geliefert. In jedem Paket sind 375 Sammelpäckchen.

Frage: ______________________________

Aufgabe: 9 3 7 5

Antwort: ______________________________

1: Sinnvolle Teilprodukte bilden und dann multiplizieren 2: Aufgabe finden und lösen
3: Inhalt erfassen, Frage formulieren, Aufgabe finden und lösen, im Satz antworten
LB ▶ 82–84 TÜ ▶ 48–49

(1) Überschlage erst, dann rechne.

a) Ü: 20 € · 3 =
16,40 € · 3

Ü:
4,83 € · 50

Ü:
0,79 € · 500

b) Ü:
6,50 m · 42

Ü:
8,7 t · 18

Ü:
25,8 l · 95

[2] Die Bertolt-Brecht-Grundschule hat zum Basteln Holzleisten bestellt.
Es werden 6 Pakete Holzleisten geliefert, jedes Paket wiegt 13,5 kg.

Frage: ______________________

____

Aufgabe:

Antwort: ______________________

△3 Beim Paketdienst Hopp-Hopp kostet das Versenden eines eiligen 50-kg-Paketes 58,60 €.

a) Berechne die fehlenden Preise.

Gewicht	Preis
50 kg	58,60 €
100 kg	
200 kg	
250 kg	
1 t	

b) Wie schwer ist ein Paket, für das 586 € berechnet werden?

Antwort: ______________________

1: Überschlagsrechnung und schriftliches Multiplizieren von Größenangaben in Kommaschreibweise
2: Inhalt erfassen, Frage formulieren, Aufgabe finden und lösen, im Satz antworten 3: Preise bzw. Gewicht berechnen
LB ▸ 85–86 TÜ ▸ 50

Sekunde – Minute – Stunde – Woche – Monat – Jahr

1 Zeichne die Zeiger ein und ergänze die fehlenden Uhrzeiten.

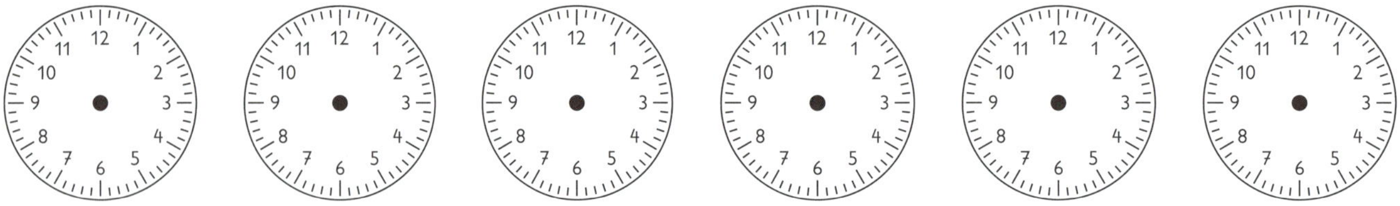

10:15 Uhr		3:45 Uhr		0:03 Uhr	
22:15 Uhr	18:09 Uhr		17:52 Uhr		20:45 Uhr

2 Wandle um.

a)

s	min
180	
360	
	10
	15

b)

min	h
240	
420	
	9
	18

c)

h	Tag
96	
240	
	5
	20

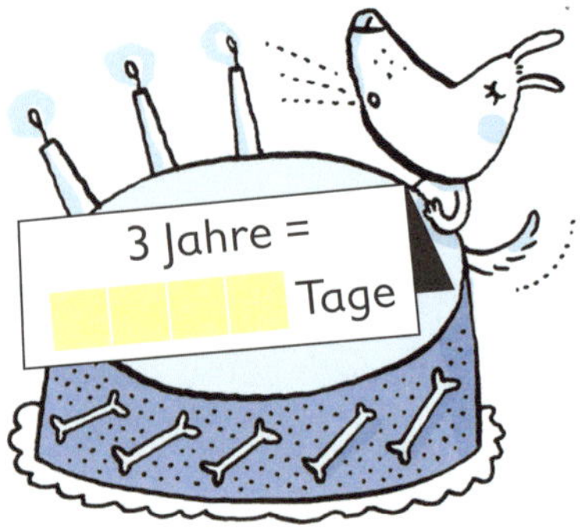

3

a)
190 s = 3 min 10 s
250 s = ___ min ___ s
440 s = ___ min ___ s
375 s = ___ min ___ s

b)
78 min = ___ h ___ min
303 min = ___ h ___ min
528 min = ___ h ___ min
625 min = ___ h ___ min

c)
3 min 20 s = ___ s
5 min 6 s = ___ s
7 h 28 min = ___ min
3 h 52 min = ___ min

4 Ordne. Beginne mit der kürzesten Zeit.

640 min | 5 Jahre | 24 h | 36 Monate | 1 000 Tage | 4 Wochen

____

5

a)
38 Tage = ___ Wochen ___ Tage
56 Tage = ___ Wochen ___ Tage
___ Tage = 7 Wochen 4 Tage
___ Tage = 10 Wochen 2 Tage

b)
13 Monate = ___ Jahre ___ Monate
45 Monate = ___ Jahre ___ Monate
___ Monate = 10 Jahre 3 Monate
___ Monate = 8 Jahre 6 Monate

6

	1 Tag		
	15 h	9 h	
12 h 45 min	2 h 15 min	6 h 45 min	
11 h 5 min	1 h 40 min	35 min	6 h 10 min

1: Zeiger in die Uhren einzeichnen, Vormittags- und Nachmittagszeit angeben 2, 3 und 5: Größenangaben umwandeln
4: Größenangaben der Größe nach ordnen 6: In einer Rechenmauer Größenangaben addieren bzw. ergänzen

LB 87–88 TÜ 51

1 Berechne die fehlenden Angaben.

a) 7:26 Uhr —(+ 35 min)→ [8.01 Uhr] —(+ 2 h)→ [10.01 Uhr] —(+ 4 h 15 min)→ [14.16 Uhr]

b) 10:45 Uhr —(+ [27] min)→ 11:12 Uhr —(+ [3] h [13] min)→ 14:25 Uhr

c) [14.12 Uhr] —(+ 2 h 10 min)→ [16.22 Uhr] —(+ 3 h)→ [19.22 Uhr] —(+ 38 min)→ 20:00 Uhr

2 Schau, wie spät es bei Tom und Ben ist. Ergänze Bens Sätze.

3 Ergänze den Text mit Hilfe eines Kalenders.

Vom 6. Mai bis zum 24. Mai vergehen ☐☐ Tage.

Vom 19. April bis zum 5. Mai vergehen ☐☐ Tage.

Vom 24. 6. bis zum 8. 8. vergehen ☐☐ Tage.

Vom ______ bis zum 2. Juli vergehen 15 Tage.

Von Heiligabend bis Silvester vergehen ☐ Tage

Von heute an bis zu den nächsten Ferien sind es noch ☐☐ Tage.

4 Die Mathefreunde sollten um 12:00 Uhr bei Max sein. Tom kam pünktlich. Maria war 5 Minuten zu spät. Drei Minuten vor Maria kam Anna. Ben kam 12 Minuten vor Anna. In welcher Reihenfolge kamen sie bei Max an?

1. Ben 2. Tom 3. Anna 4. Maria

1 bis 3: Zeitpunkte und Zeitspannen berechnen 4: Ankunftszeiten der Kinder berechnen und Reihenfolge angeben

LB 89–90 TÜ 52

Flächeninhalt

(1) Bestimme die Fläche mit dem größten und die mit dem kleinsten Flächeninhalt.

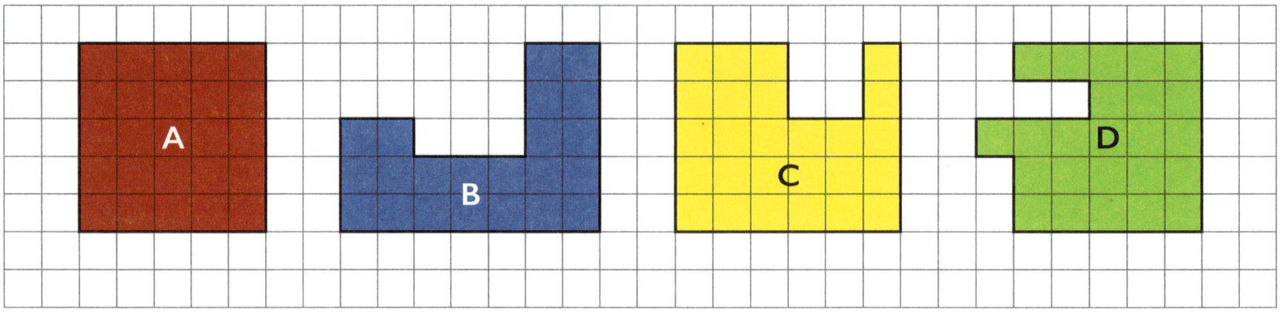

Größte Fläche: ___ mit einem Flächeninhalt von ___ Kästchen
Kleinste Fläche: ___ mit einem Flächeninhalt von ___ Kästchen

[2] Zeichne ein Quadrat, das den gleichen Flächeninhalt hat wie das Rechteck ABCD.

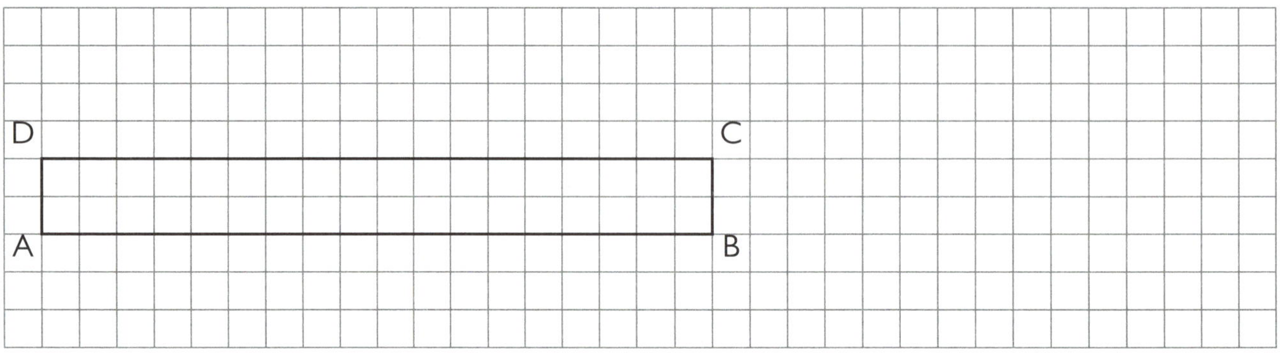

[3] Vergleiche den Flächeninhalt der blauen Fläche mit dem Flächeninhalt der weißen Fläche.

blaue Fläche: ___ Kästchen

weiße Fläche: ___ Kästchen

Welche Fläche ist größer?

___

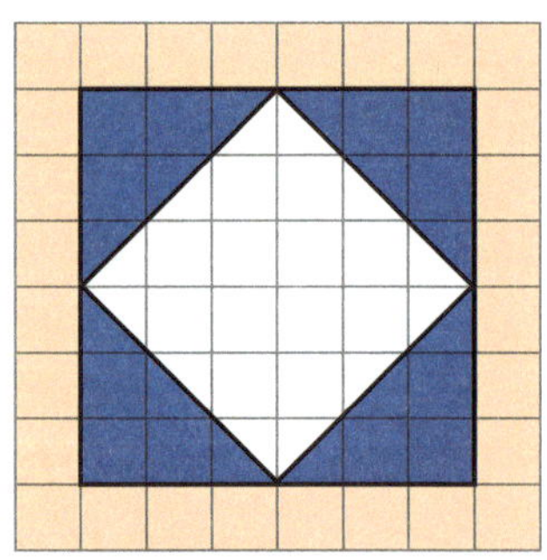

⚠4 Überlege, wie du die Anzahl der Kästchen dieser Flächen **berechnen** kannst.

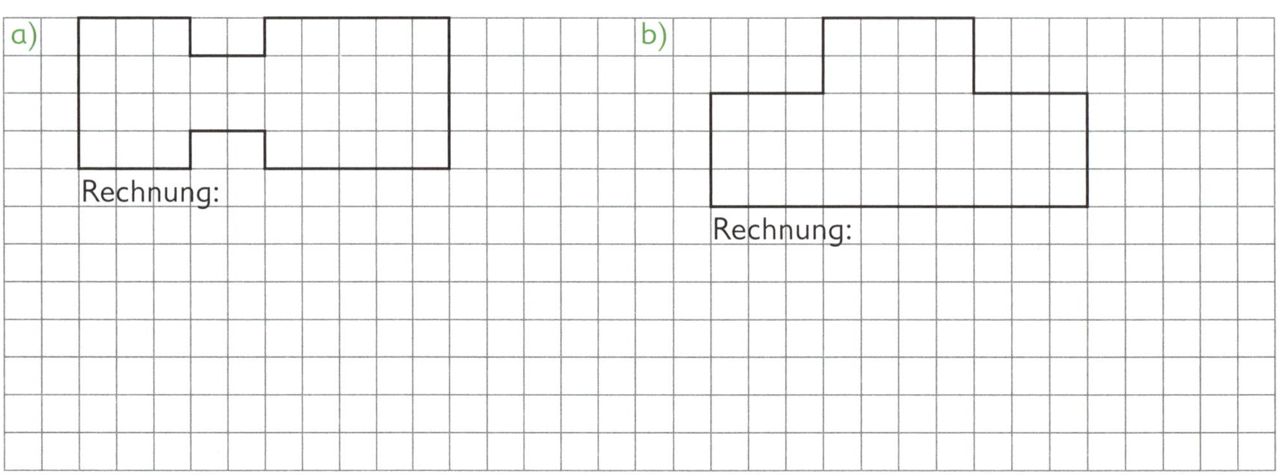

1: Flächeninhalt bestimmen 2: Quadrat nach Vorgabe zeichnen
3: Flächeninhalt der beiden Flächen bestimmen und vergleichen 4: Flächeninhalt berechnen

LB 91 TÜ 53

1 Gib den Umfang der Figuren an.

Figur	Umfang
A	cm = mm
B	cm = mm
C	cm = mm
D	cm = mm

2 a) Zeichne zwei andere Figuren, die den gleichen Umfang wie die Figur E haben.
Nenne die neuen Figuren F und G.

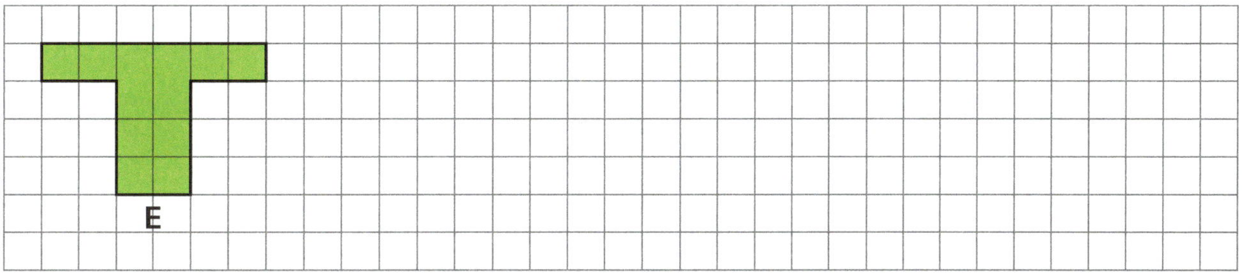

b) Vergleiche den Flächeninhalt der drei Figuren miteinander.

E: Kästchen F: Kästchen G: Kästchen

3 Berechne den Umfang der Rechtecke.

Länge	Breite	Umfang
6 cm	2 cm	18
40 mm	50 mm	18
6,2 cm	3,5 cm	19,4
5,5 m	8,5 m	28

4 Von diesen Rechtecken sind der Umfang und eine Seitenlänge bekannt.
Berechne die andere Seitenlänge.

Länge	Breite	Umfang
7 cm	3	20 cm
11 cm	6	34 cm
11	9 cm	40 cm
7	12 cm	38 cm

Achsensymmetrische Figuren

1 a) Welche Fahnen sind symmetrisch? Zeichne alle Symmetrieachsen ein.

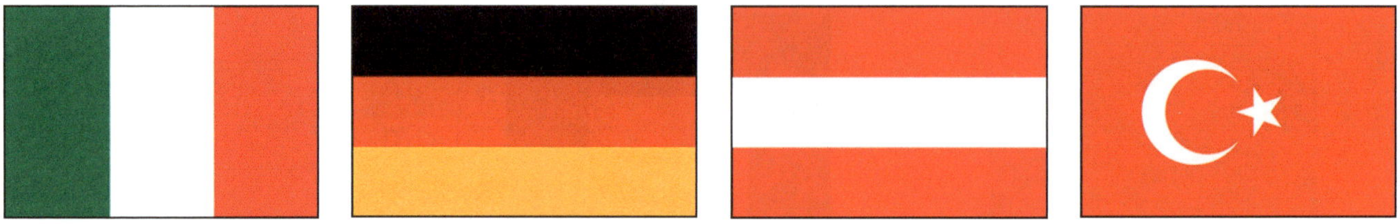

b) Finde heraus, wie die Länder heißen. Schreibe unter jede Fahne das Land.

2 Vervollständige zu einer symmetrischen Figur.
Zeichne die Symmetrieachsen rot ein.

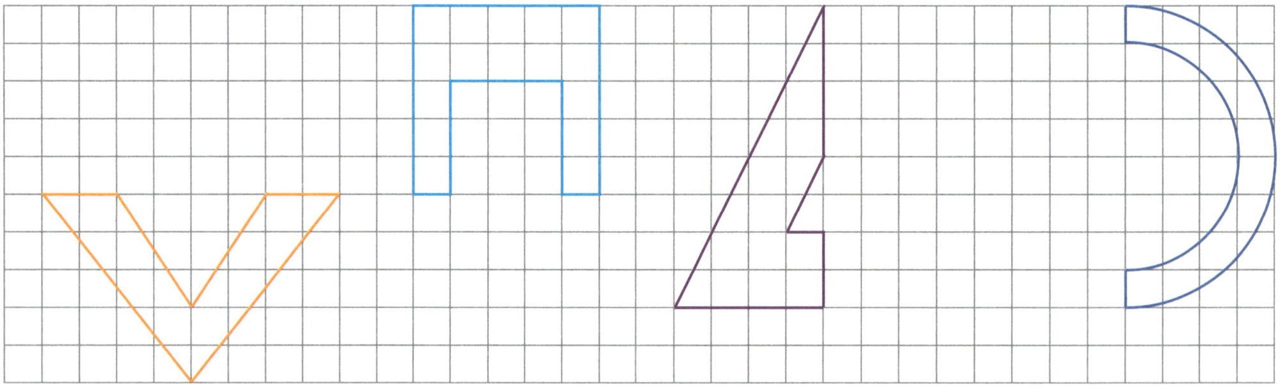

3 Spiegele die Figur an der ersten Spiegelachse.
Spiegele das Spiegelbild dann an der nächsten Spiegelachse usw.

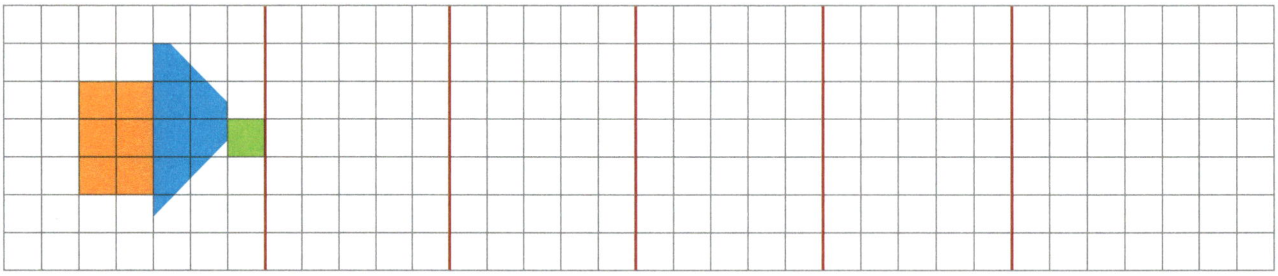

4 Was steht hier geschrieben?
Zeichne eine Spiegelachse
und schreibe das Spiegelbild
zur Geheimschrift.

1: Symmetrieachsen einzeichnen, Ländernamen zuordnen 2: Figuren achsensymmetrisch vervollständigen und Symmetrieachsen einzeichnen 3: Mehrfach spiegeln 4: Spiegelbild finden

LB ▶ 94

1 a) Drehe die Figur um eine Vierteldrehung nach rechts.

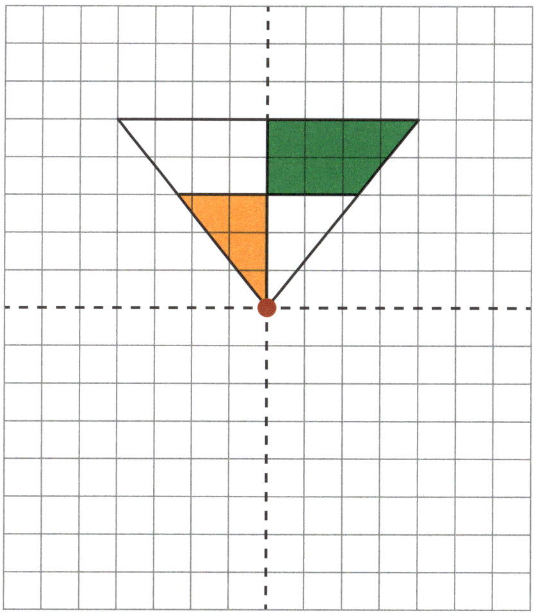

b) Drehe die Figur um eine halbe Drehung nach rechts.

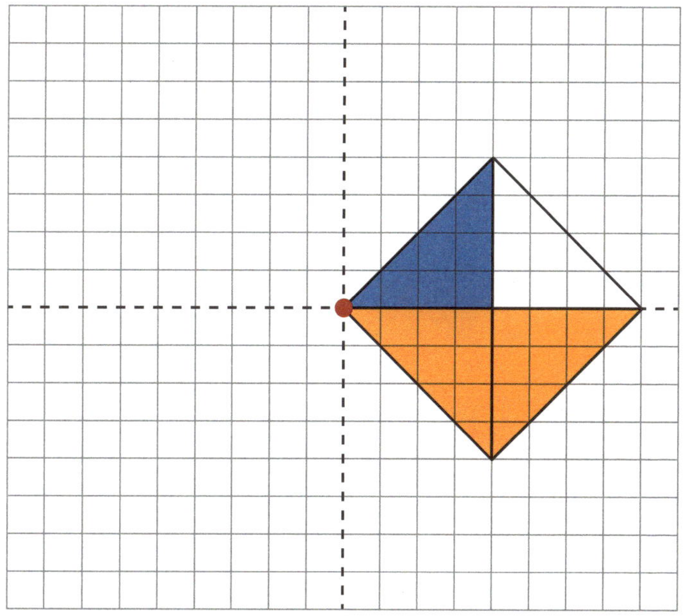

c) Drehe die Figur um eine Dreivierteldrehung nach rechts.

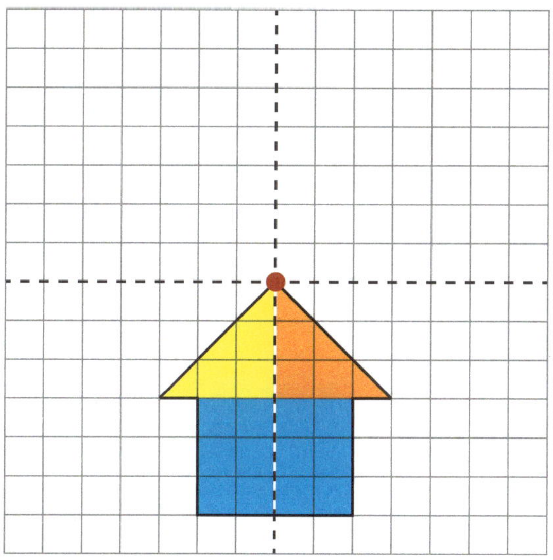

2 Wahr (w) oder falsch (f)?

a) Figuren sind immer symmetrisch.

b) Jede drehsymmetrische Figur ist auch achsensymmetrisch.

c) Jede drehsymmetrische Figur hat einen Drehpunkt.

d) Eine Figur kann achsensymmetrisch und drehsymmetrisch sein.

e) Jede achsensymmetrische Figur ist drehsymmetrisch.

3 Ergänze die Figuren so, dass drehsymmetrische Figuren entstehen.

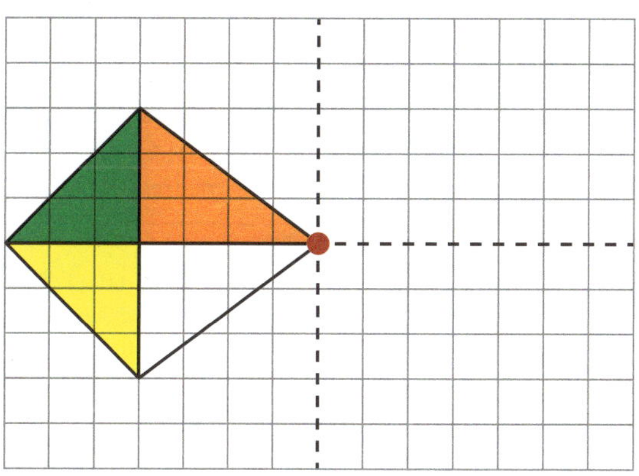

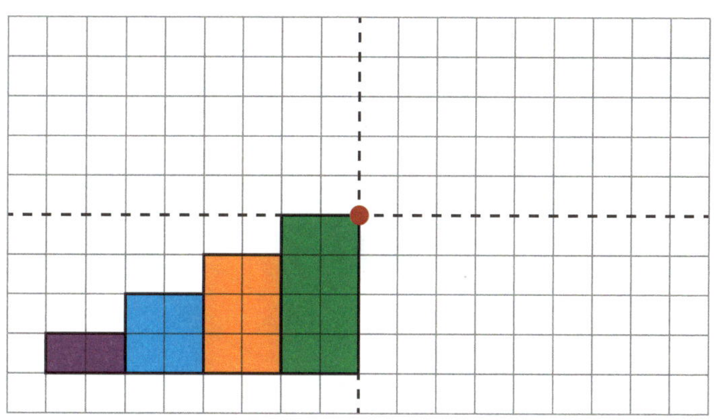

Dividieren mehrstelliger Zahlen durch einstellige Zahlen

1 Dividiere schriftlich und kontrolliere mit der Umkehraufgabe.

a)

T	H	Z	E				T	H	Z	E
9	1	9	2	:	6	=				

K: … · 6

b)

T	H	Z	E				T	H	Z	E
6	7	1	4	:	9	=				

K: … · 9

2

8 8 9 : 7 =

K:

3 1 6 : 4 =

K:

4 8 4 5 : 5 =

K:

3 Im Geflügelhof werden 984 Eier in 6er-Packungen verpackt.

Frage: ______________________

Aufgabe:

K:

Antwort: ______________________

4 Es sollen 1 144 Buntstifte in Schachteln zu je 8 Buntstiften verpackt werden.

Frage: ______________________

Aufgabe:

K:

Antwort: ______________________

5 Überschlage und wirf in den richtigen Korb. Verbinde.

① Überschlage, rechne und kontrolliere.

a) Ü: 8000 : 4 =
8504 : 4 =
K:

b) Ü:
32473 : 7 =
K:

② Zahlen gesucht

Du erhältst meine Zahl, wenn du 678 durch 3 dividierst.

Wenn du meine Zahl mit 5 multiplizierst, erhältst du 875.

Meine Zahl erhältst du, wenn du 1056 durch 8 dividierst.

③ Schöne Ergebnisse

a) Ü: 270000 : 9 =
297297 : 9 =

b) Ü:
31988 : 4 =

4 Hier wurden 4 Fehler gemacht, streiche sie durch.
Rechne nicht, der Überschlag reicht.

20046 : 3 = 682

4370 : 5 = 874

130059 : 9 = 1551

4068 : 6 = 678

1057 : 7 = 22

63999 : 3 = 21333

427058 : 5 = 8557

1 bis 3: Überschlagen, schriftlich dividieren (und bei 1 mit Umkehraufgabe kontrollieren) 4: Fehler durch Überschlag finden

LB 98–100 TÜ 54

Dividieren mit Rest

1 Überschlage erst, dann rechne genau. Kontrolliere zum Schluss mit der Umkehraufgabe.

a) Ü:
29354 : 9 = R
K:
+

b) Ü:
23654 : 6 =
K:
+

c) Ü:
2263 : 7 =
K:
+

d) Ü:
4364 : 9 =
K:
+

2 Im Lager einer Schokoladenfabrik liegen 290 Pralinenschachteln. Immer 9 Pralinenschachteln werden in einen Karton gepackt. Stelle zwei Fragen.

Fragen: ______________________

____

____

Aufgabe:

Antworten: ______________________

____

____

3 Jana hat in ihrem Kiosk 2 588 Tafeln Schokolade. Wie viele Sonderangebots-Päckchen kann sie daraus zusammenstellen?

Aufgabe:

Antwort: ______________________

1: Schriftliches Dividieren mit Rest; Kontrolle mit der Umkehraufgabe
2 und 3: Inhalt erfassen, Fragen formulieren, Aufgabe finden und lösen, im Satz antworten

LB ▶ 101 TÜ ▶ 55

1 44 895 25 693 579 350 5 898 459 685 658 347 85 695

89 657 295 368 67 895 563 246 132 650 35 694 126 330

a) Kreise alle Zahlen, die durch 2 teilbar sind, grün ein: (2)
b) Kreise alle Zahlen, die durch 5 teilbar sind, blau ein: (5)
c) Kreise alle Zahlen, die durch 10 teilbar sind, rot ein: (10)

2 145 251 245 313 25 897 187 101 412 353 784 121 312 867

71 893 152 241 253 251 123 423 890 121 213 822 56 121

a) Kreise alle Zahlen, die durch 3 teilbar sind, gelb ein: (2)
b) Kreise alle Zahlen, die durch 9 teilbar sind, lila ein: (9)

3 Schreibe alle Zahlen zwischen 360 und 400 auf, die

a) durch 3 teilbar sind: ______________________________

____

b) durch 5 teilbar sind: ______________________________

c) durch 9 teilbar sind: ______________________________

d) durch 10 teilbar sind: ______________________________

4 Prüfe die Teilbarkeit der Zahlen mit Hilfe der Teilbarkeitsregeln. Kreuze an.

Zahl	durch 2	durch 3	durch 5	durch 9	durch 10
12 345		X	X		
451 325					
85 630					
3 621					
5 922					
12 501					
240 820					
78 965					

5 Entscheide: „ist möglich“, „ist sicher“ oder „ist unmöglich“.

Meine Zahl ist durch 10 teilbar.

Meine Zahl ist durch 9 teilbar.

Bens Zahl ist 1 550. ____________
Bens Zahl ist durch 3 teilbar. ____________
Bens Zahl ist ungerade. ____________
Bens Zahl ist durch 5 teilbar. ____________

Lisas Zahl ist 3 609. ____________
Lisas Zahl ist durch 3 teilbar. ____________
Lisas Zahl ist gerade. ____________
Lisas Zahl ist durch 5 teilbar. ____________

1, 2 und 4: Teilbarkeit überprüfen 3: Zahlen finden, die den Anforderungen entsprechen
5: Verhältnis von Teilbarkeitseigenschaften untersuchen
LB 102–103 TÜ 56

Dividieren von Größenangaben in Kommaschreibweise

1 Überschlage erst, dann rechne genau.

Ü:

6 2 3 5 g : 5 =

Gib das Ergebnis in kg an: ___ , ___ kg.

Ü:

4 6 6 8 8 ct : 8 =

Gib das Ergebnis in Euro an: ___ , ___ €.

2

	6er-Pack Hefte	3er-Pack Schulpinsel	5er-Pack Bleistifte	4er-Pack Zeichenblöcke	8 Rollen Toilettenpapier	2er-Pack Füller
Preis	3,30 €	4,83 €	6,45 €	4,72 €	2,48 €	22,40 €
Einzelpreis						

3 Überschlage erst, dann rechne genau.

Ü:

2 3 2,0 2 m : 6 =

Ü:

1 8,8 0 9 km : 7 =

1: Schriftliches Dividieren mit Größenangaben; umwandeln des Ergebnisses in Kommaschreibweise
2 und 3: Schriftliches Dividieren mit Größenangaben in Kommaschreibweise

LB ▶ 104

1 Rechne und vergleiche deine Lösungen. Was stellst du fest?

a) (184 + 728) : 4 =
912 : 4 =

  184
+ 728
  ———
  912

912 : 4 =

184 + 728 : 4 =

b) 981 : 9 − 6 =

981 : (9 − 6) =

c) 532 : 7 + 385 : 7 =

(532 + 385) : 7 =

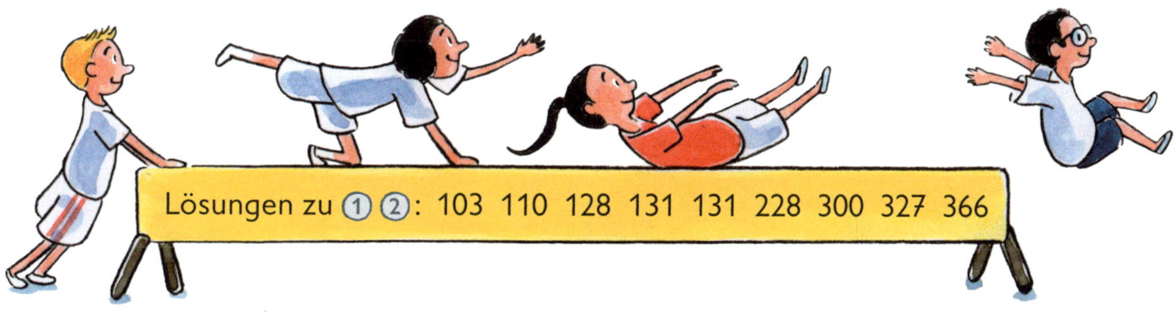

2 a) 396 : 9 + 66 = ____ b) (381 + 259) : 5 = ____ c) 51 + 1245 : 5 = ____

Durchschnitt

1 Berechne den Durchschnitt.

> Tipp:
> Erst alle Zahlen addieren. Dann das Ergebnis durch die Anzahl der Zahlen dividieren.

258, 359, 460

256, 356, 456

376, 284, 139, 409

213, 94, 341, 108

2 a) Wie viele Besucher waren im Durchschnitt in einer Vorstellung?

Vorstellung	Besucher
Donnerstag	250
Freitag	395
Sonnabend	350
Sonntag	425

Aufgaben:

Antwort: ______________________________

b) Veranschauliche die Besucherzahlen in einem Streifendiagramm.

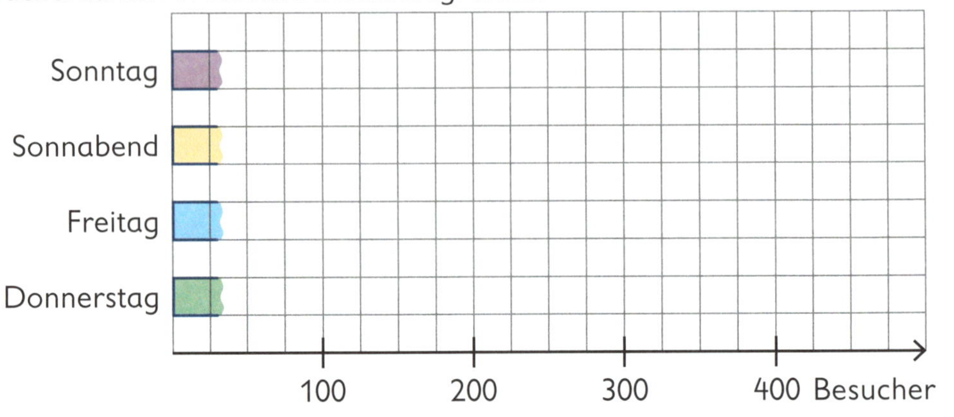

1: Durchschnitt berechnen
2: Inhalt erfassen, Durchschnitt berechnen, im Satz antworten; Daten im Streifendiagramm darstellen

LB ▶ 106 TÜ ▶ 58

1 Überschlage erst und rechne dann genau. Kontrolliere mit der Umkehraufgabe.

a) Ü:
3630 : 30 =
K:

b) Ü:
67230 : 90 =
K:

c) Ü:
5550 : 50 =
K:

d) Ü:
26320 : 70 =
K:

e) Ü:
32360 : 40 =
K:

f) Ü:
49360 : 80 =
K:

2 Im April hatte die Sachsentherme in Leipzig 20670 Besucher. Wie viele Besucher waren es durchschnittlich an einem Tag?

Aufgabe:

Antwort: ______________________

3 Vom 06.08. bis 25.08. waren insgesamt 16440 Urlauber auf der Sommerrodelbahn in Oberwiesenthal. Wie viele Urlauber waren das im Durchschnitt täglich?

Aufgabe:

Antwort: ______________________

1: Schriftliches Dividieren durch Zehnerzahlen; Kontrolle mit der Umkehraufgabe
2 und 3: Inhalt erfassen, Aufgabe finden und lösen, im Satz antworten

LB ▶ 107 TÜ ▶ 58

Sachaufgaben – Abschlussfahrt

(1) Heute ist der 16. April. Die Kinder der 4a wollen am 11. Juni ins Schullandheim fahren. Wie viele Tage müssen sie noch warten?

Antwort: ______________________________

(2) Die Klasse 4a fährt vom 11. Juni bis zum 17. Juni auf Klassenfahrt. Die Parallelklasse 4b fährt vom 29. Mai bis zum 4. Juni. Welche Klassenfahrt dauert länger?

Antwort: ______________________________

3 Die Lehrerin hat von 7 Kindern schon 627,90 € eingenommen.

a) Wie viel Euro hat jedes Kind für die Fahrt bezahlt?
b) Wie viel Euro muss sie noch einsammeln, wenn insgesamt 22 Kinder mitfahren?

Aufgaben:

Antwort a): ______________________________

Antwort b): ______________________________

4 Im Schullandheim angekommen, machen die Kinder einen Plan für Unternehmungen. Sie wollen am 1. Tag 5,6 km, am 2. Tag 7,8 km und am 3. Tag 8,5 km wandern. Wie viel Kilometer wandern sie durchschnittlich an einem Tag?

Aufgabe:

Antwort: ______________________________

5 Am Donnerstag planen die Lehrer einen Geschicklichkeitstest, bei dem die Kinder eine Strecke von 750 m zurücklegen müssen. Die Lehrer stecken alle 150 m einen Stab in die Erde. Wie viele Stäbe werden benötigt?
Zeichne eine Skizze:

Antwort: ______________________________

1 bis 5: Sachaufgaben: Inhalt erfassen, Aufgabe finden und lösen, im Satz antworten

LB 108–109

1 Maria hat blaue und rote Farbplättchen. Sie ordnet immer vier Plättchen in einer Reihe an.
Wie viele Kombinationen kann sie bilden?
Trage alle Möglichkeiten in die Tabelle ein.

● ● ● ●	○ ○ ○ ○	○ ○ ○ ○	○ ○ ○ ○
○ ○ ○ ○	○ ○ ○ ○	○ ○ ○ ○	○ ○ ○ ○
○ ○ ○ ○	○ ○ ○ ○	○ ○ ○ ○	○ ○ ○ ○
○ ○ ○ ○	○ ○ ○ ○	○ ○ ○ ○	○ ○ ○ ○

2 Lisa will Armbänder mit farbigen Glasperlen knüpfen. Sie hat gelbe, grüne, blaue und rote Perlen. Bei jedem Armband will sie 4 Perlen mit unterschiedlichen Farben verwenden.
Wie viele verschiedene Armbänder kann sie so gestalten?
Male alle Möglichkeiten auf.

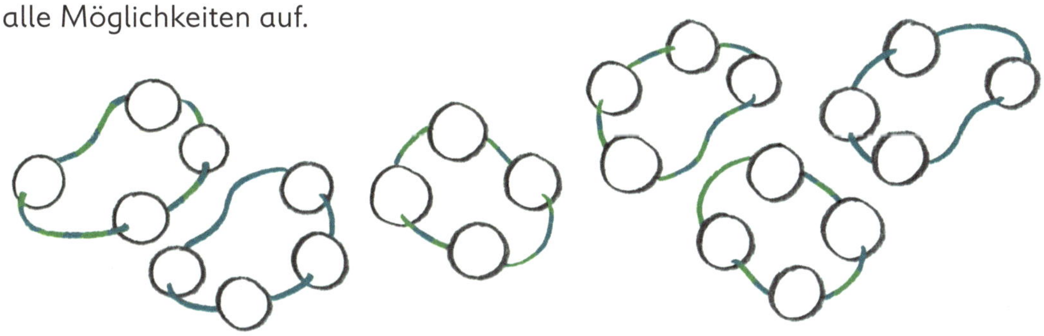

3 a)

b)

1 Von 100 kg Papier werden verwendet für:

Ⓐ Druck- und Zeitungspapier	40 kg
Ⓑ Schreibpapier	15 kg
Ⓒ Verpackungsmaterial	35 kg
Ⓓ Hygienepapier	5 kg
Ⓔ Spezialpapier	5 kg

Stelle diese Angaben in einem Streifendiagramm dar.

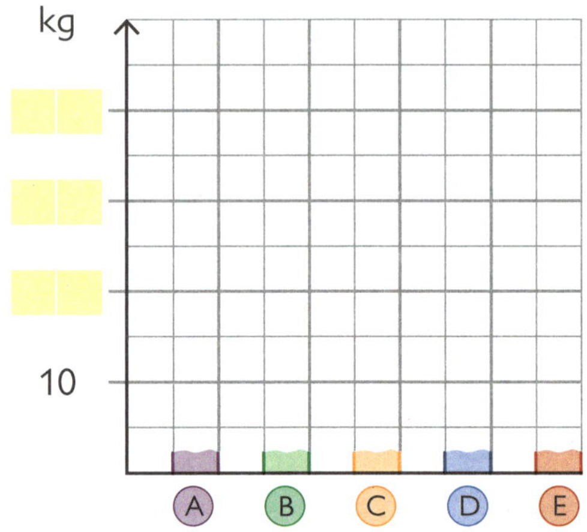

2 So viel Altpapier wurde in Jena pro Einwohner gesammelt:

Jahr	2005	2006	2007	2008	2009	2010
Altpapier pro Einwohner	43 kg	55 kg	86 kg	92 kg	110 kg	172 kg

a) Jena hat ungefähr 100 000 Einwohner.
Wie viel Kilogramm Altpapier wurde in Jena in den Jahren 2005 und 2010 gesammelt?

2005 wurden ____________ kg Altpapier gesammelt, das sind ____________ t.

2010 wurden ____________ kg Altpapier gesammelt, das sind ____________ t.

b) Im Jahr ______ wurde doppelt so viel Altpapier gesammelt wie im Jahr 2006.

c) Stimmt es, dass im Jahr 2007 doppelt so viel und im Jahr 2010 viermal so viel wie im Jahr 2005 gesammelt wurde? Begründe mit je einer Rechnung.

3 Das Streifendiagramm zeigt, wie viel Altpapier die Altstoffhändlerin Reipap an den Tagen angenommen hat.

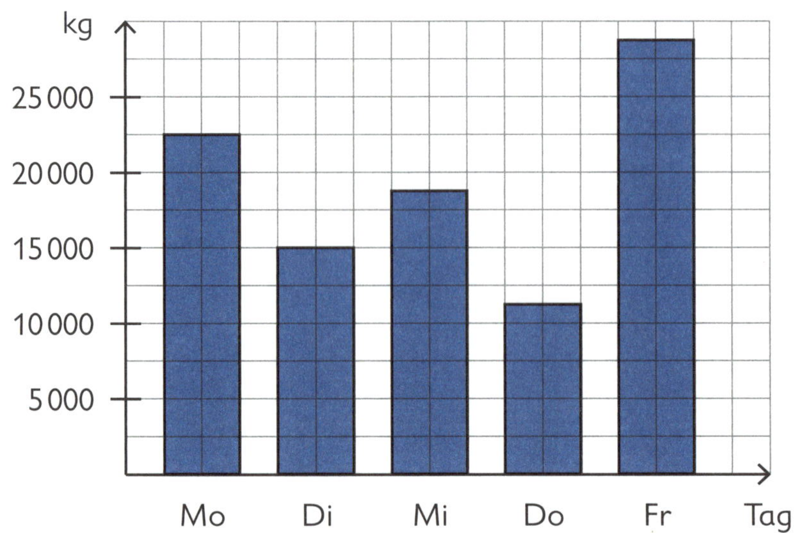

Trage die tägliche Annahmemenge in die Tabelle ein. Lies die Mengen so genau wie möglich ab.

Tag	Montag	Dienstag	Mittwoch	Donnerstag	Freitag
Altpapier	kg	kg	kg	kg	kg

1: Streifendiagramm erstellen 2: Gesamtmenge berechnen, doppelte/vierfache Menge ermitteln, Aussagen prüfen
3: Mengen aus einem Balkendiagramm ablesen und in die Tabelle eintragen

LB 112–113 TÜ 60

① Schreibe doppelt so groß.

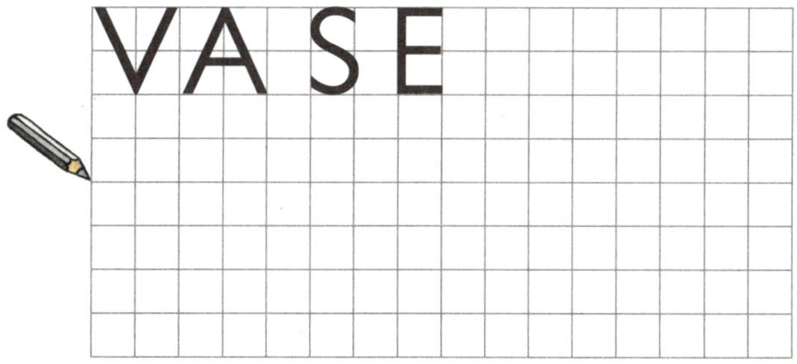

② Schreibe halb so groß.

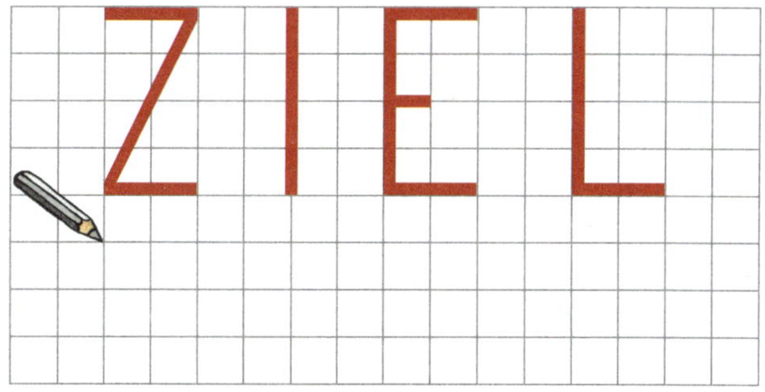

③ Zeichne im Maßstab 3 : 1.

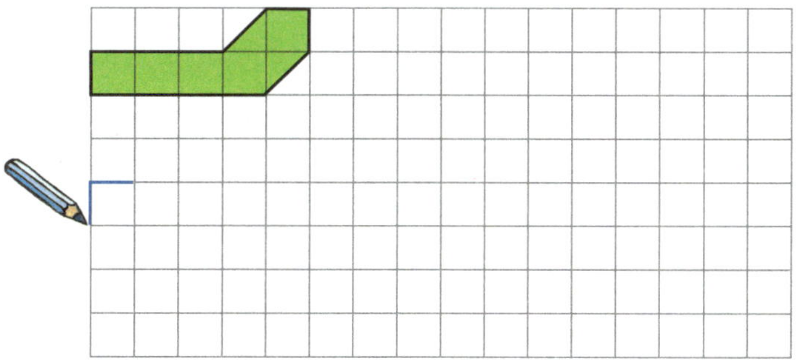

④ Zeichne im Maßstab 1 : 2.

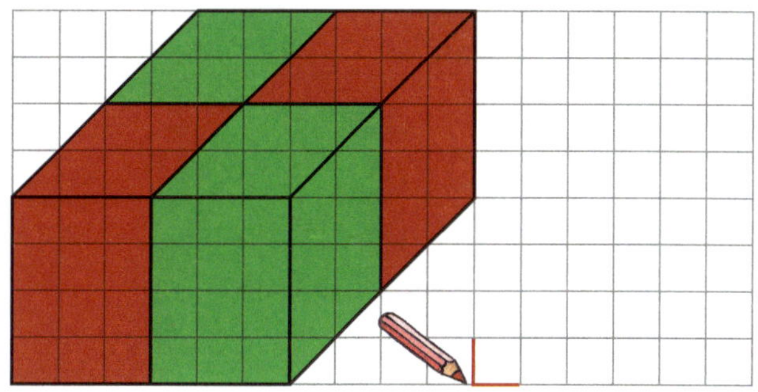

⑤ Bestimme den Maßstab des vergrößerten Bildes.

a) Vergrößert Wirklichkeit

Länge: ______ mm ______ mm

Maßstab: __ : __

b) Vergrößert Wirklichkeit

Länge: ______ mm ______ mm

Maßstab: __ : __

6 Bestimme den Maßstab. Miss dazu die Länge im Bild und vergleiche sie mit der Länge in Wirklichkeit.

cm

Länge in Wirklichkeit: 30 cm

Maßstab 1 : ______

cm

Länge in Wirklichkeit: 1,80 m

Maßstab 1 : ______

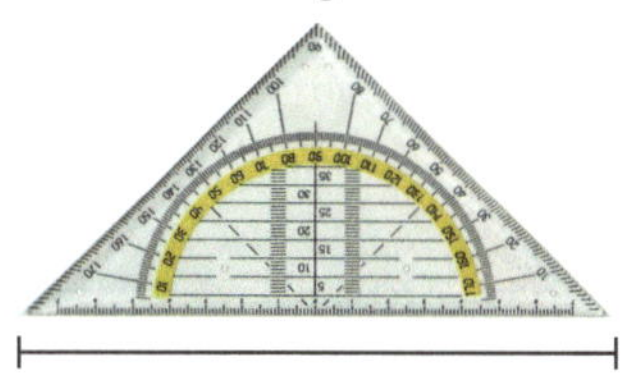

cm

Länge in Wirklichkeit: 16 cm

Maßstab 1 : ______

cm

Länge in Wirklichkeit: 160 m

Maßstab 1 : ______

Maßstäbe

1 Tom sammelt Modelle von Fahrzeugen.

Modell	Länge des Modells	Maßstab	Länge in Wirklichkeit
Auto	25 cm	1: 20	cm = m
Flugzeug	15 cm	1:500	cm = m
Lokomotive	20 cm	1: 90	cm = m

2 Anna hat auf dem Stadtplan angekreuzt, wo die Mathefreunde wohnen.

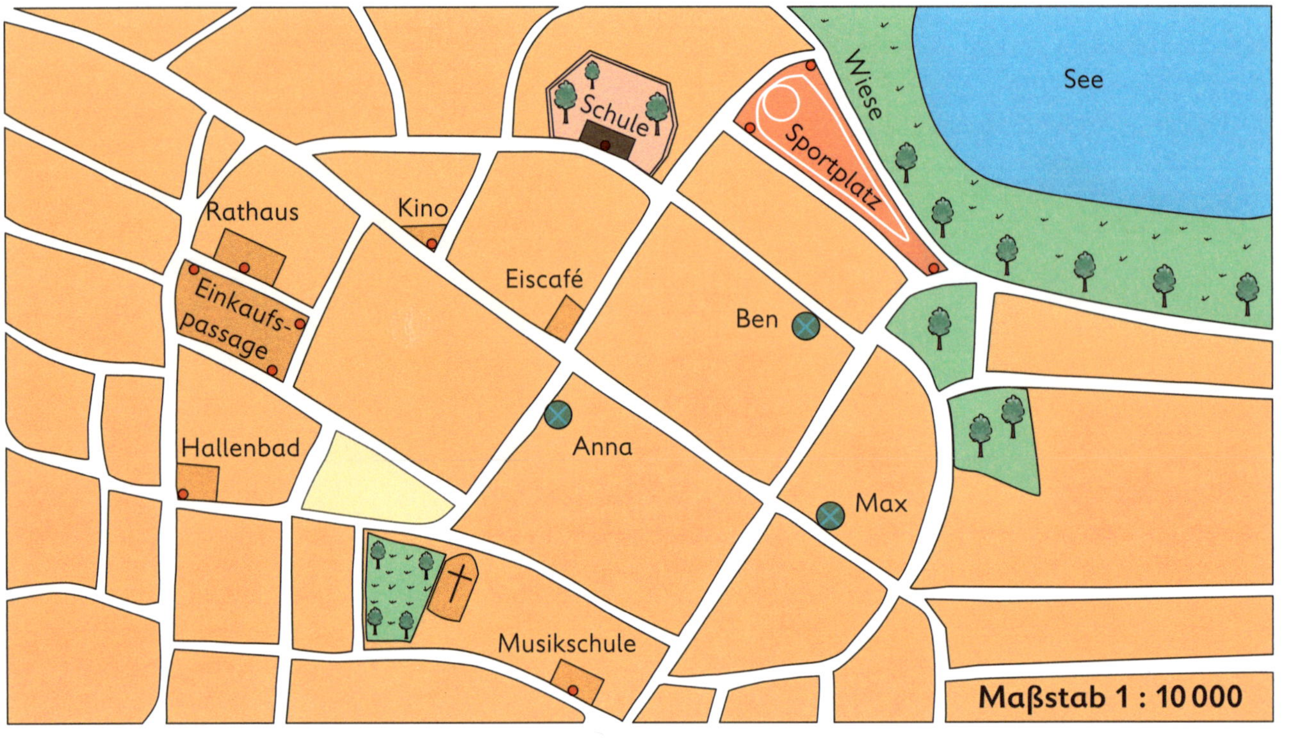

a) Auf der Karte ist der Maßstab angegeben.

1 cm auf der Karte sind in Wirklichkeit ____________ cm = __________ m.

b) Wie lang sind die Schulwege der Kinder?

Max: _______ m Anna: _______ m Ben: _______ m.

c) Max, Anna und Ben gehen am Dienstag ins Kino. Wie lang sind ihre Wege?

Max: ____

d) Ben hat Trompetenunterricht in der Musikschule. Max spielt auf dem Sportplatz. Anna geht zum Schwimmtraining. Wie lang sind ihre Wege?

Ben: ____

3 Denke dir selbst eine Rechengeschichte zum Stadtplan aus und bestimme die Entfernung.

____

____

1: Längen und Maßstab bestimmen 2: Sich auf einem Stadtplan orientieren; Entfernungen nach vorgegebenem Maßstab bestimmen
3: Rechengeschichte zum Stadtplan entwickeln; Entfernung bestimmen
LB 116 – 117

1 Tom schaut von oben auf die Körper.

a) Wie heißen die Körper? Schreibe ihre Namen darunter.

______ ______ ______

b) Diese Körper kann Tom von oben nicht genau erkennen. Welche Körper könnten es sein?

______
______

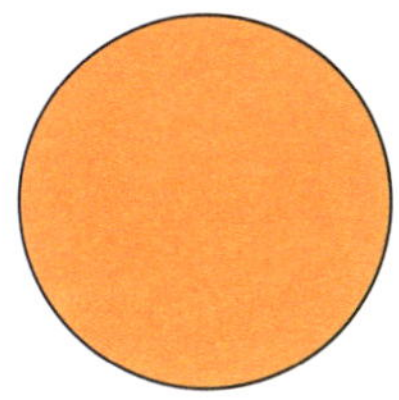

______
______

2 Untersuche Würfel und Quader.

	Anzahl der …			Form der Flächen
	Ecken	Kanten	Flächen	
Würfel				
Quarder				

3 An welchen Körpern findest du diese Flächen? Schreibe die Namen der Körper darunter.

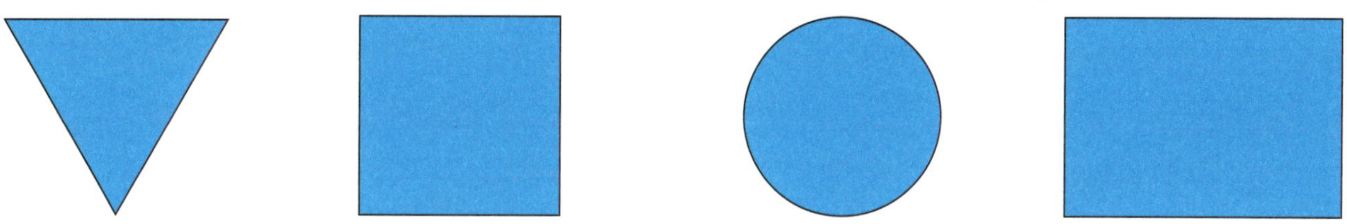

______ ______ ______ ______
______ ______

4 Der Marienkäfer startet bei Ecke A und läuft dann die Kanten entlang:
1. nach oben 2. nach rechts 3. nach hinten
4. nach unten 5. nach links

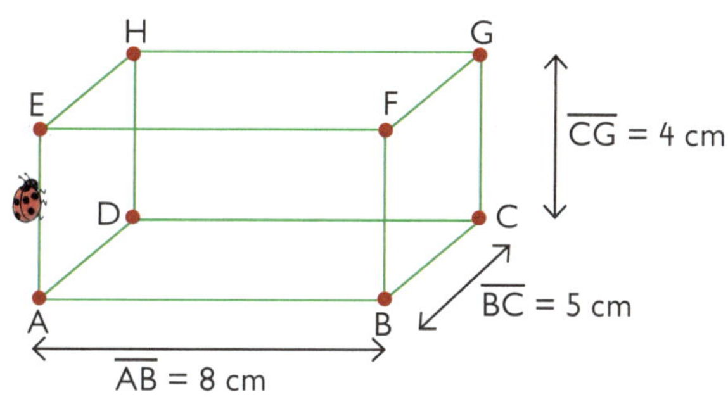

a) Wo kommt er an? Ecke D

b) Wie lang ist die zurückgelegte Strecke? 29 cm

c) Nun startet eine Schnecke bei Ecke A.
Sie kriecht 21 cm und kommt an einer Ecke an. An welcher? Ecke D oder Ecke C

Würfelnetze

1 Sind dies Würfelnetze? Kreuze an.

a)

◯ ja ◯ nein

b)
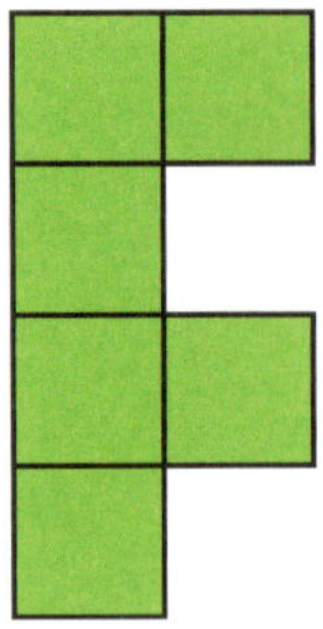
◯ ja ◯ nein

c)

◯ ja ◯ nein

d)

◯ ja ◯ nein

2 Vervollständige zu Würfelnetzen.

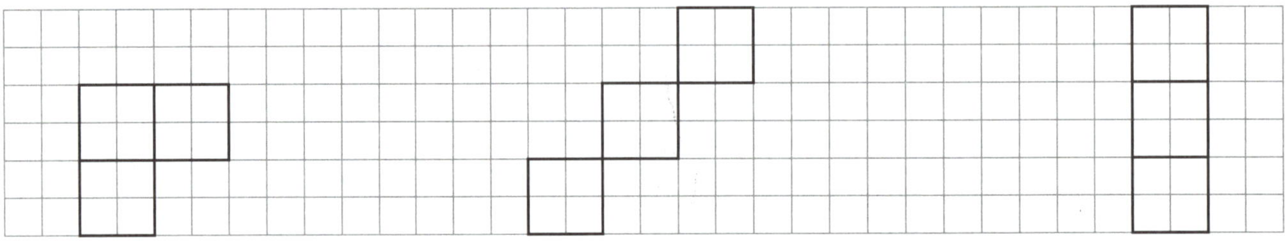

3 Ergänze die fehlenden Punkte auf dem Würfelnetz.

a)
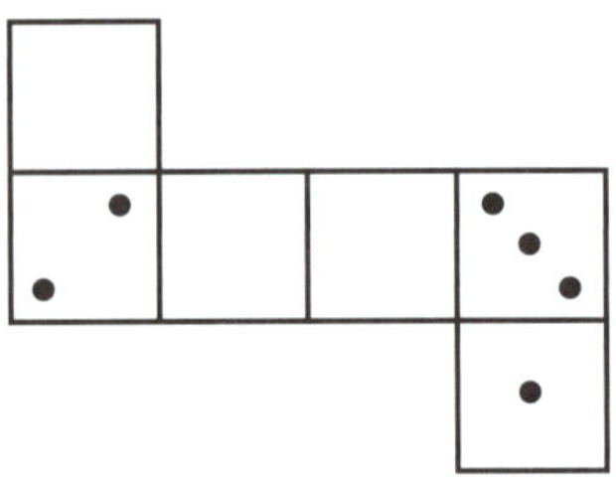

b)
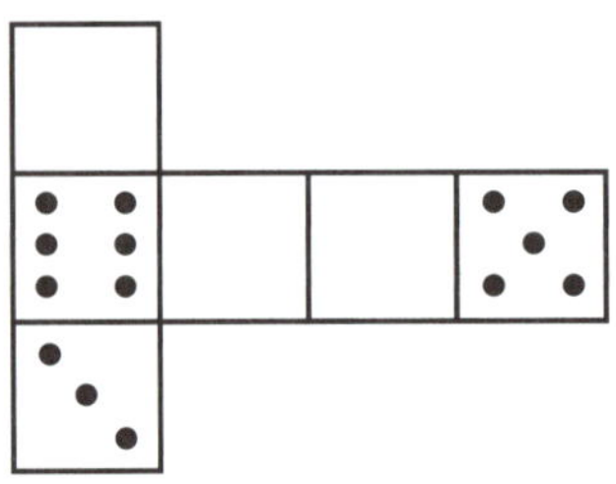

c)
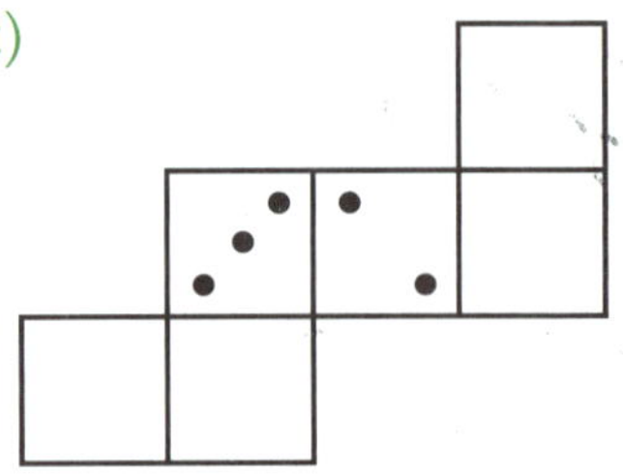

4 Der Würfel wird mehrmals gekippt.
Trage nach jedem Kippen die Punkte ein.

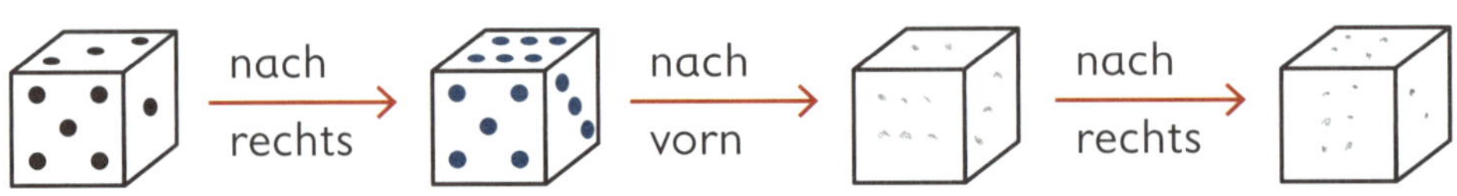

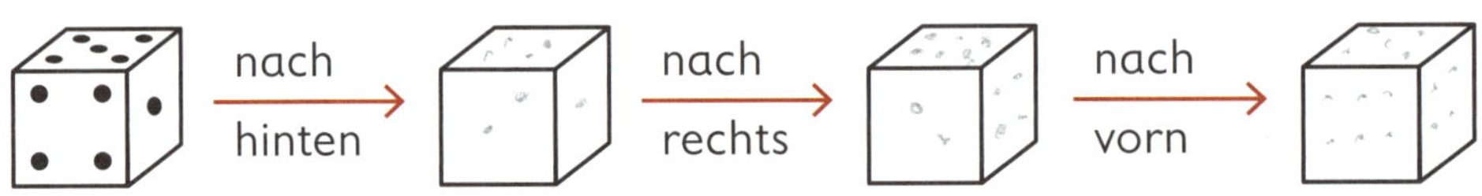

1: Würfelnetze erkennen 2: Zu Würfelnetzen vervollständigen 3: Augenzahlen ergänzen
4: Würfel nach Vorgabe kippen und jeweils die Augenzahlen einzeichnen
LB ▶ 120–121 TÜ ▶ 62

1 Sind dies Quadernetze? Kreuze an.
Dann male in den Quadernetzen gegenüberliegende Flächen mit der gleichen Farbe aus.

a)

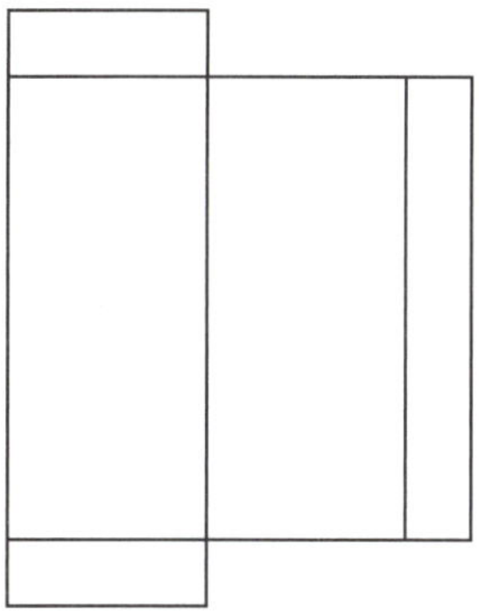

◯ ja ◯ nein

b)

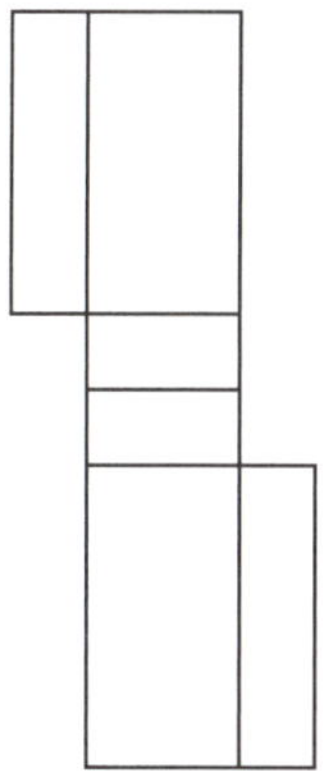

◯ ja ◯ nein

c)

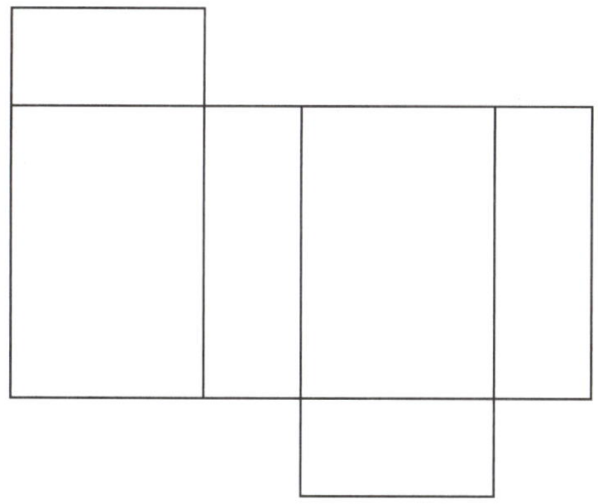

◯ ja ◯ nein

d)

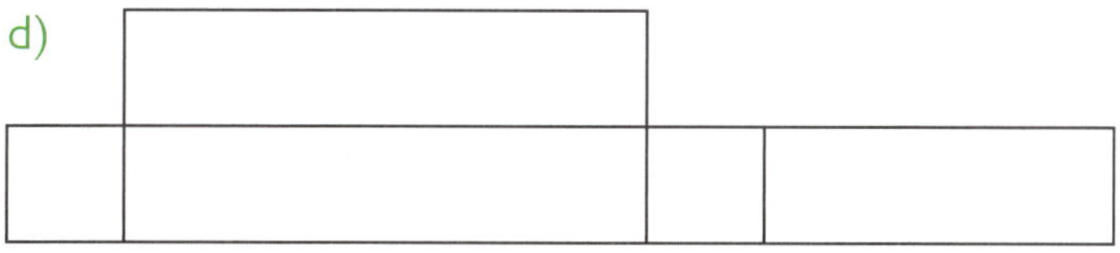

◯ ja ◯ nein

e)

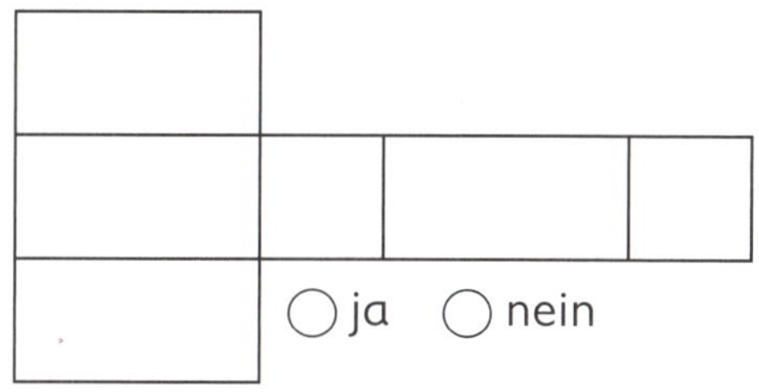

◯ ja ◯ nein

2 Vervollständige zu Quadernetzen.
Gegenüberliegende Flächen sollen die gleiche Farbe haben.

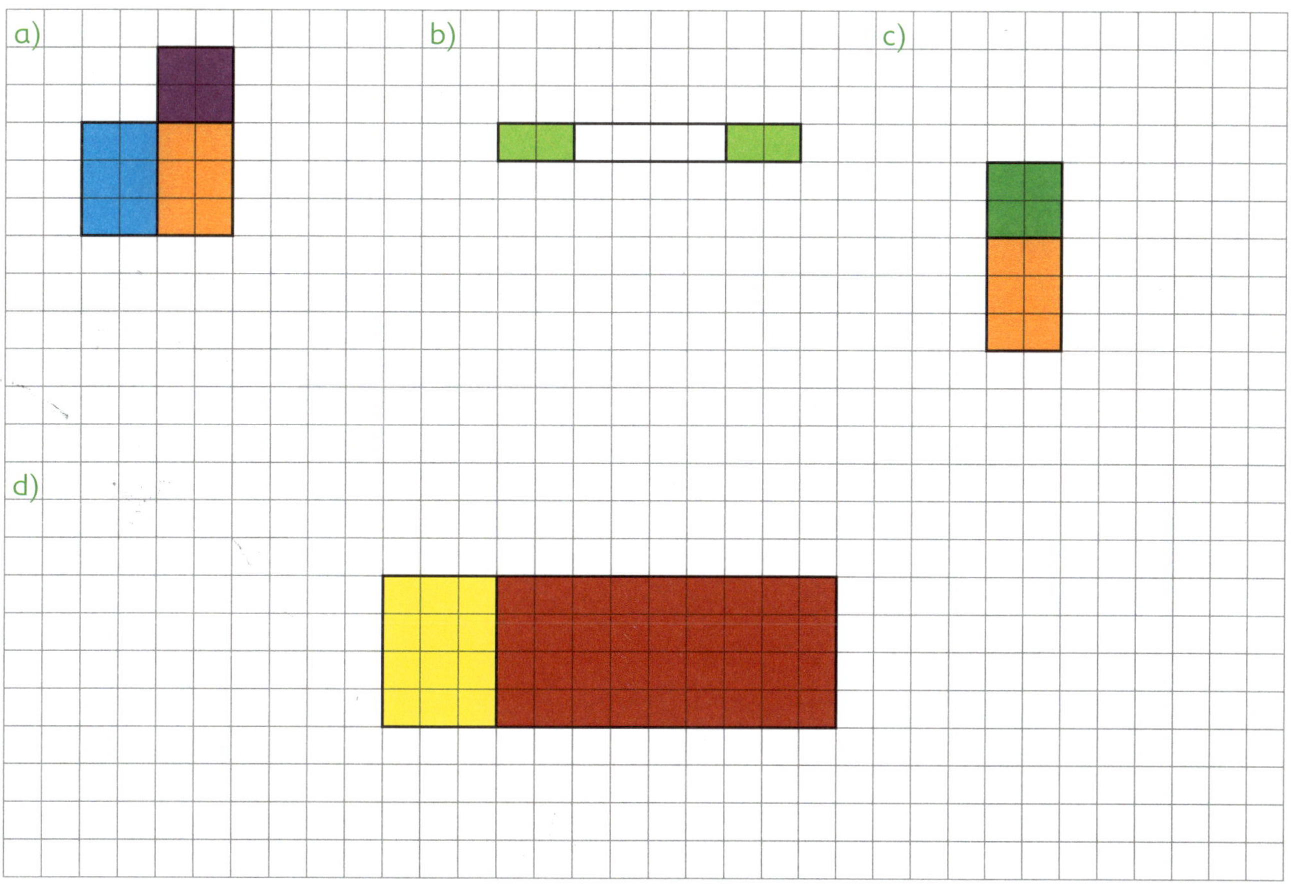

Rauminhalt – Würfelbauten

1 a) Wie viele Würfel wurden zum Bau dieser Würfelbauten benötigt?

A
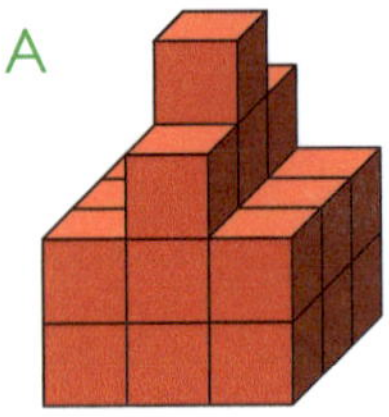

B
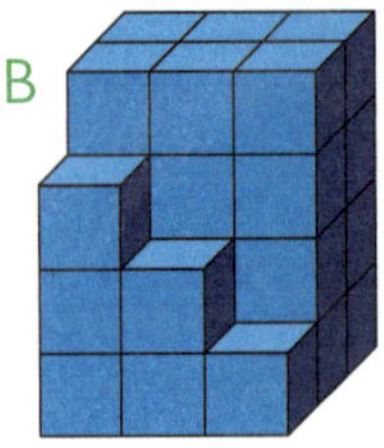

C
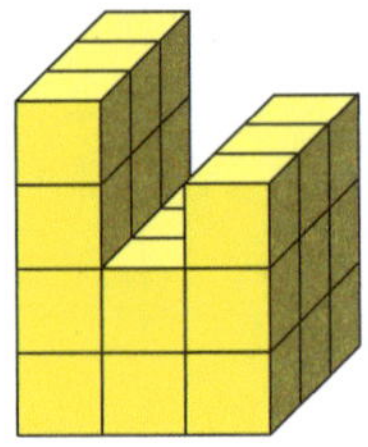

D

E

b) Wahr (w) oder falsch (f)?

- Der Würfelbau A hat den größten Rauminhalt.
- Der Würfelbau E hat den kleinsten Rauminhalt.
- Die Würfelbauten A und C haben den gleichen Rauminhalt.
- Der Rauminhalt von Würfel D ist um zwei Würfel kleiner als der Rauminhalt von Würfel C.

2 Max und Lisa verpacken Würfelbausteine in Kartons, die die Form eines Würfels haben.

A
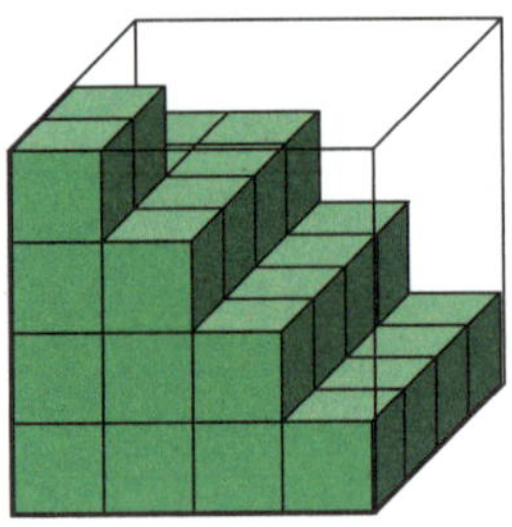

B
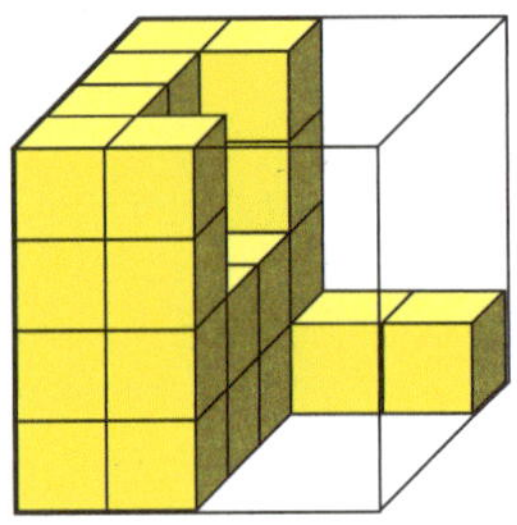

C
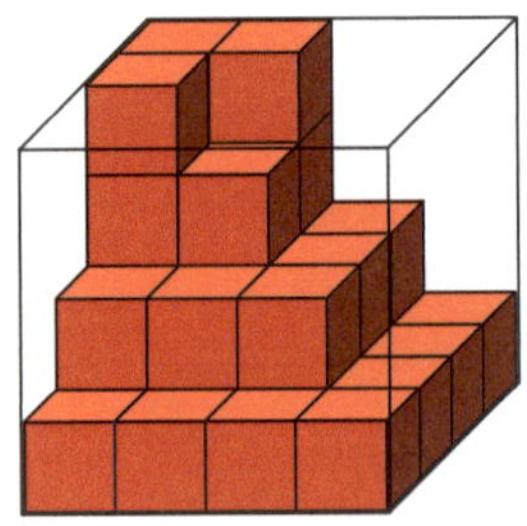

a) Wie viele Würfel sind schon in den Kartons? A: B: C:

b) Wie viele Würfel können jeweils noch in die Kartons gepackt werden? A: B: C:

3 Schreibe die Baupläne.

1: Anzahl der Würfel bestimmen; Wahrheitsgehalt der Aussage prüfen
2: Anzahl der dargestellten und der zu ergänzenden Würfel bestimmen 3: Baupläne schreiben

LB 124–125 TÜ 63

1

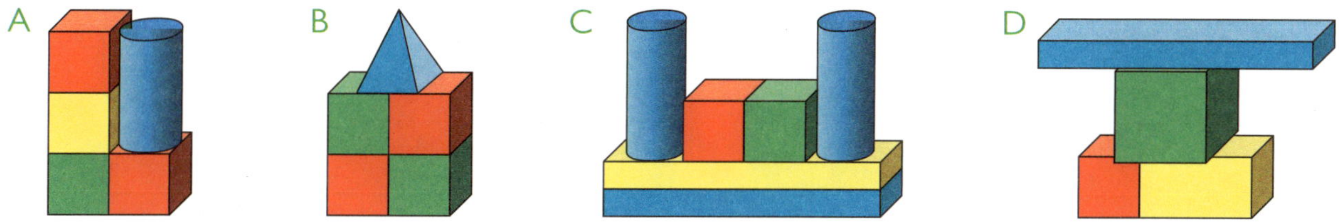

Welche der folgenden Ansichten gehört zu welchem Bauwerk?
Gib das Bauwerk an und die Richtung, aus der es betrachtet wird.

von ___________ von ___________ von ___________ von ___________ von ___________

2 Lisa betrachtet das Bauwerk von links, Ben von rechts, Max von vorn und Anna von hinten.

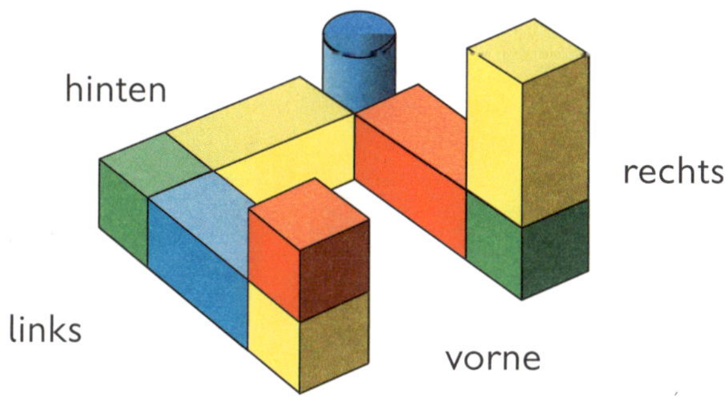

Welches Kind sieht das Bauwerk so? ______________

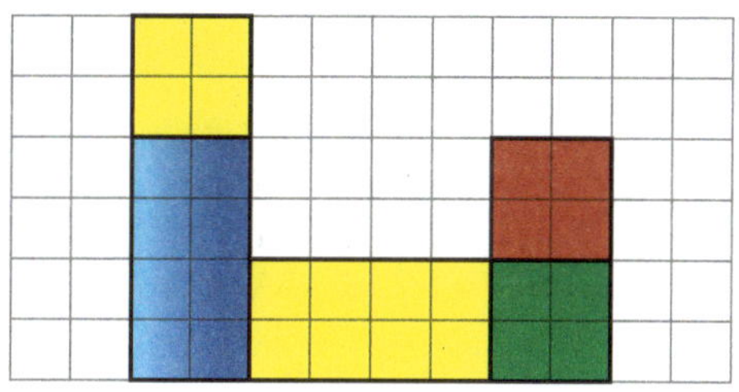

Zeichne die Ansichten, die die drei anderen Kinder sehen. Schreibe jeweils ihren Namen dazu.

1

+	700	26 000	350 000
5 400			
32 000			
410 000			
155 000			

+	600	7 800	36 000
9 900			
92 000			
340 000			
536 000			

2

500	7 000	8 500	10 000

300 000	144 000		
	100 000		
		35 000	

3 Schreibe stellengerecht untereinander und rechne.

a) 654 633 + 298 456 | 506 791 + 66 397 | 78 543 + 110 633 | 7 854 + 654 399

b) 593 653 – 204 356 | 96 804 – 3 098 | 344 756 – 100 355 | 96 358 – 32 604

4 Nutze Rechenvorteile.

Berechne die Summe aus der größten fünfstelligen Zahl und der Zahl 136 445.

Berechne die Differenz aus der kleinsten sechsstelligen Zahl und der Zahl 14 133.

5 Berechne schriftlich.

Die Summanden heißen 48 905 und 174 896. Wie heißt die Summe?

Berechne die Differenz aus 789 205 und 589 623.

1

·	60	700	800
30			
400			
500			
90			

:	20	400	6
12 000			
240 000			
36 000			
480 000			

2 Rechne schriftlich.

36 857 · 5

26 754 · 8

9 302 · 73

6 538 · 58

654 · 582

3 Überschlage, rechne und kontrolliere mit der Umkehraufgabe.

a) Ü:

47832 : 8 =

K:

b) Ü:

52308 : 9 =

K:

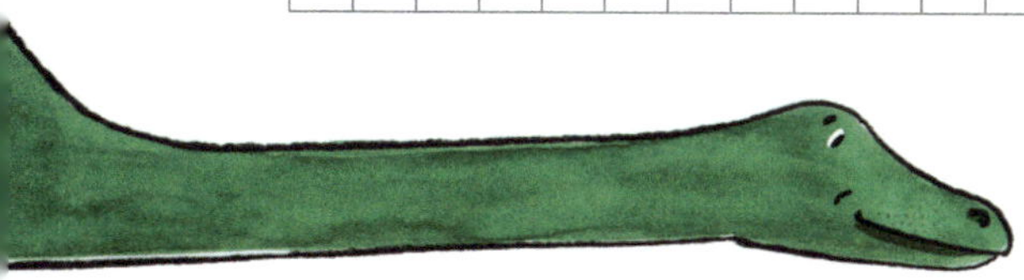

4 Besucher des Naturkundemuseums:

Januar: 2 340
Februar: 2 865
März: 2 185
April 1 798
Mai: 2 002

Wie viele Besucher kamen durchschnittlich pro Monat?

Aufgaben:

Antwort: ______________________________

1: Mündliches Multiplizieren und Dividieren 2 und 3: Schriftliches Multiplizieren und Dividieren
4: Inhalt erfassen, Durchschnitt berechnen, im Satz antworten
LB ▶ 132–133

Inhaltsverzeichnis

An der Seitenfarbe kannst du erkennen, worum es gerade geht:	**Zahlen und Operationen** **Größen** **Geometrie**
Die Aufgaben sind so nummeriert:	(1)
Hier ist es etwas schwieriger:	[1]
So erkennst du eine knifflige Aufgabe:	△1
Auf den gelben Zetteln findest du die Lösungen:	11 1314 32719